国际精神分析协会《当代弗洛伊德：转折点与重要议题》系列

论《不可思议之意象》
On Freud's "The Uncanny"

（英）卡塔利娜·布朗斯坦（Catalina Bronstein）
（法）克里斯蒂安·修林（Christian Seulin） 主编

王牮 郑文浩 译
童俊 审

化学工业出版社
·北京·

On Freud's "The Uncanny" by Catalina Bronstein, Christian Seulin
ISBN 978-0-367-25359-2
Copyright © 2020 selection and editorial matter, Catalina Bronstein and Christian Seulin; individual chapters, the contributors.
All rights reserved.
Authorized translation from the English language edition published by International Psychoanalytical Association.

本书中文简体字版由 The International Psychoanalytical Association 授权化学工业出版社独家出版发行。

本版本仅限在中国内地（大陆）销售，不得销往中国香港、澳门和台湾地区。未经许可，不得以任何方式复制或抄袭本书的任何部分，违者必究。

封面未粘贴防伪标签的图书均视为未经授权的和非法的图书。

北京市版权局著作权合同登记号：01-2023-0687

图书在版编目（CIP）数据

论《不可思议之意象》/（英）卡塔利娜·布朗斯坦（Catalina Bronstein），（法）克里斯蒂安·修林（Christian Seulin）主编；王犖，郑文浩译 .—北京：化学工业出版社，2023.11

（国际精神分析协会《当代弗洛伊德：转折点与重要议题》系列）

书名原文：On Freud's "The Uncanny"
ISBN 978-7-122-44123-2

Ⅰ. ①论… Ⅱ. ①卡…②克…③王…④郑… Ⅲ. ①精神分析-研究 Ⅳ. ①B84-065

中国国家版本馆 CIP 数据核字（2023）第 168265 号

| 责任编辑：赵玉欣 王 越 | 装帧设计：关 飞 |
| 责任校对：宋 夏 | |

出版发行：化学工业出版社（北京市东城区青年湖南街13号 邮政编码100011）
印　　装：大厂聚鑫印刷有限责任公司
710mm×1000mm 1/16 印张13¼ 字数189千字 2023年11月北京第1版第1次印刷

购书咨询：010-64518888　　　　　　售后服务：010-64518899
网　　址：http://www.cip.com.cn

凡购买本书，如有缺损质量问题，本社销售中心负责调换。

定　价：59.80元　　　　　　　　　　　　　　　版权所有　违者必究

致　谢

　　Catalina Bronstein 和 Christian Seulin 作为本书的共同主编，希望向所有为本书出版做出贡献的人表示感谢。

　　我们感谢国际精神分析协会（IPA）出版委员会的同事，特别是其前任主席 Genaro Saragnano 和现任主席 Gabriela Legorreta 的支持和鼓励。

　　特别值得一提的还有 IPA 的 Rhoda Bawdekar 和 Routledge 出版社的 Charles Bath。最后，我们要感谢这本书的所有作者，是他们慷慨的付出让本书的出版成为可能。

　　本书第 3 篇论文的部分内容曾在 R. J. Perelberg（2008）的《时间、空间和幻想》（*Time, Space and Phantasy*）中以《〈百年孤独〉中的时间和记忆》（Time and Memory in *One Hundred Years of Solitude*）为题发表，并在《国际精神分析杂志》（*The International Journal of Psychoanalysis, IJP*）中以《焦虑之谜：在熟悉和陌生之间》（The Riddle of Anxiety: Between the Familiar and the Unfamiliar）为题发表。该文经 Taylor & Francis 有限责任公司和《国际精神分析杂志》许可转载。

　　第 5 篇的早期版本发表在 R. J. Perelberg 和 G. Kohon（2017）的《精神分析的范式转变：安德烈·格林的精神分析》（*The Greening of Psychoanalysis: André Green's New Paradigm in Contemporary Theory and Practice*）中，题为

《对爱德华多·奇林达作品中消极因素的一些思考》(Some Thoughts on the Negative in the Work of Eduardo Chillida)。经 Taylor & Francis 有限责任公司许可转载。

在第 8 篇中，出自 Sylvia Plath 的《下雨天的黑色秃鼻乌鸦》(*Black Rook in Rainy Weather*) 和 Max Porter 的《悲伤是长着羽毛的生灵》(*Grief is the Thing with Feathers*) 的引文是经 Faber and Faber 有限公司许可转载的。

第三辑推荐序

国际精神分析协会（IPA）《当代弗洛伊德：转折点与重要议题》系列已经在中国出版了两辑——共十本，即将要出版的是第三辑——五本。 IPA组织编写和出版这套丛书的目的是从现在和当代的观点来接近弗洛伊德的工作。一方面，这强调了弗洛伊德工作的贡献构成了精神分析理论和实践的基石。另一方面，也在于传播由后弗洛伊德时代的精神分析师丰富的弗洛伊德思想的成果，包括思想碰撞中的一致和不同之处。丛书读来，我看到了IPA更大的包容性。

记得去年暑期，我们在还未译完的这个系列中，选择到底首先翻译哪几本书时，我们考虑了在全世界蔓延数年的疫情以及世界局部地区战争对人们生存环境的影响、新的技术革命带来的巨变给人类带来的不确定性等等因素。选中的这几篇弗洛伊德的重要论文产生于类似的时代背景下，瘟疫、战争和新的技术革命的冲击……今天，当我们重温弗洛伊德的思想时，还是震惊于他充满智慧的洞察力，同时也对一百多年来继续在精神分析这条路上耕耘并极大地拓展了精神分析思想的精神分析家们满怀敬意。如果说精神分析探索的是人性的深度和广度，在人性的这个黑洞里，投注多少力度都不为过。

我想沿着这五本书涉及的弗洛伊德当年发表的奠定精神分析理论基础的论文的时间顺序来谈谈我的认识。

一、《不可思议之意象》

心理治疗的过程可以说是帮助患者将由创伤事件或者发展过程中的创伤

导致的个人史的支离破碎连成整体的过程。

在心理治疗领域，对真相的探寻可以追究到神经科医生们对临床病人治疗的失败。这种痛苦激发了医生们对自己无知和失去掌控的恐惧，以及由此而生的探索真相、探索未知的激情。可以说，任何超越都与直面真相的勇气相连。

在弗洛伊德早期的论文《不可思议之意象》(*The Uncanny*)（1919）中，他就对他临床发现的"不可思议或神秘现象"做了最具有勇气的探索。

这篇论文的开头晦涩难懂，细读可以发现，他认为，要想理解这些不可思议之处"必须将自身代入这种感受状态之中，并在开始之前唤起自身能够体验到它的可能性……"因而，我将这篇论文的开始部分看作弗洛伊德对不可思议之意象的体验式的自由联想（free association）。

他对不可思议之意象的联想以及对词源学（德语、拉丁语、希腊语）的研究大致将不可思议之意象归结于令人不适的、心神不宁的、阴沉的、恐怖的、（似乎）是熟悉的、思乡怀旧的这样一个范畴。

我在读这篇文章时，感受到一种联想的支离破碎，这不是 free association（自由联想），而是 disassociation（解离），一种创伤的常见现象（在早年儿童的正常发展时期也可见这种防御现象）在弗洛伊德身上被激活。果然，他接下来以一个极端创伤的文本和自己的、听起来不可思议的亲身经历来进一步理解和描述这种意象。也许这样看来，批评者要批评他的立论太主观，随后，读者也会看到在他的一生中，他是如何与这种主观作战的，这也是他几次被诺贝尔生理学或医学奖提名而不得的主要原因，精神分析从来就不是纯粹意义上的科学。

弗洛伊德发现这种"不可思议之意象"还有个特点就是不自觉的重复。他写道：当我们原本认为只不过是"偶然"或"意外"的时候，这一因素又将某种冥冥之中、命中注定的东西带到我们的信念中……必须解释的是，我们能够推断出无意识中存在的某种"强迫性重复"（repetition compulsion）在起主导作用。受压抑的情节产生不可思议之感。这种重复似乎依附着一个熟悉的"魔鬼"。

弗洛伊德进而认为，不可思议的经历是由一个被压抑和遗忘的熟悉物体的重新出现触发的（触发提示了应激）。因为这种触发，在短时间内，无意识和有意识之间的界限变得模糊。个人的认同感是不稳定的,自我和非自我之间的界限是不确定的。这种经历有一种难以捉摸的品质,但一旦到达意识层面,就会消失,而刚才经验的事件给主体带来陌生感,给主体带来一种"刚才发生了什么""我到底做了什么"的疑惑。我认为这形象地描述了解离现象。现今,我们可以非常清楚地看到弗洛伊德的《不可思议之意象》这篇论文中的多重主题,预示了精神分析理论的许多重大发展:诸如心理创伤的被激活以及心理创伤的强迫性重复的属性,作为心理创伤防御的双重自我的发现;不可思议之意象和原初场景(the primal scene)再现之间的联系;不可思议之意象作为艺术和精神分析经验的基本部分;等等。弗洛伊德的发现像打开了的潘多拉的盒子,在这本书里,作者们不只对不可思议之意象的临床动力学进行了探讨,更是在涉及广泛人性的文学、美术、历史等等方面进行了探讨。

二、《超越快乐原则》

紧随《不可思议之意象》之后,1920年,弗洛伊德思想的又一个重要结晶《超越快乐原则》一文问世。"死本能"概念横空出世。"不可思议之意象"和"死本能"概念的出现是精神分析史上的一个转折,这两件事都让人们困扰。两者都激发人们很多的负性情绪体验,想要去否认和拒绝,也让精神分析遭到许多的攻击。甚至今天在翻译此文的文字选择上也让出版人小心翼翼。然而,人类反复被它们创伤的事实让我们不得不重新回顾它们,重新认识它们。

弗洛伊德最初的人类动机理论(Freud,1905d,1915c)认为有两种基本的动机力量存在:"性本能"和"自我保存本能"。前者通过释放寻求性欲的愉悦,实现物种繁衍的目的;后者寻求安全和成长,实现自我保存的目的。这两种本能也被称为"生本能"。

在《超越快乐原则》中出现的"死本能"则是一个新概念:它指的是一种"恶魔般的力量",寻找心身的静止,其最深的核心是寻求将有生命的事物还原为最初的无生命状态。

精神分析理论因此转变而受到地震式的冲击,各种攻击铺天盖地。在这里弗洛伊德早期有关"施虐是首要的、受虐是其反向形式的最初构想被推翻了";在"死本能"概念中,将"受虐作为首要现象,而施虐则是其外化的结果"。

"快乐原则"（Freud，1911，1916—1917）在心理生活中的至高支配地位也受到了质疑。还有另一个难题是关于重复，1920年对它的解释完全不同于1914年的文章《记忆、重复和修通》（1914g）中的解释。

本能理论修改的三个主要后果：

1. 将攻击性提升为一种独立的本能驱力；
2. 早先提出的自我保存本能在无意中被边缘化；
3. 宣称死亡是一种毕生的、存在性的关切，无论后面伴有或不伴有所谓的"本能"。

总结一下就是，弗洛伊德将性本能和自我保存本能都称为"生本能"，把攻击性提升为一种独立的本能驱力。宣布这种攻击性驱力是死本能的衍生产物，而死本能与生本能一起，构成了生命斗争中的两种主要力量。

确立攻击性的稳固核心地位也为人类天生具有破坏性的观点提供了一个锚点。

梅莱尼·克莱因（Klein，1933，1935，1952）虽然从一开始就拥护这一概念，但她的工作仍然集中于死本能的外化衍生物上，这导致了对"坏"客体、残酷冲动和偏执焦虑的产生的更深入的理解。她的后继者们的贡献（Joseph，本书第7章；Bion，1957；Feldman，2000；Rosenfeld，1971）通过论证死本能对心理活动的影响，扩展了死本能概念的临床应用。他们强调了这种本能的能力，它可以打断精神连接，最终达到其"不存在"的目的。在他们看来，死本能实际上并不指向死亡，**而是指向破坏和扭曲主体生命和主体间性生命的意义和价值。**

在弗洛伊德逐渐增加的对人性的冷峻思考后，精神分析思想的继任者中有一批人（如克莱因、比昂等）拥护这一理论但强调死本能的外化衍生意义。还有另外一批人则被称为温暖的精神分析家，如：巴林特（Balint，1955）提出了一个非性欲的"原初的爱"（primary love）的概念，类似于自发维持依恋的需要；温尼科特（Winnicott，1960）谈到了"抱持的环境""自我的需要"（ego needs），凯斯门特（Casement，1991）将这一概念重新定义为"成长的需要"（growth needs），由此将其与力比多的需求区分开来；而在北美，科胡特（Kohut）创立的自体心理学理论弥补了巴林特和温尼科特在北美的不受重视，为精神分析的暖意增加了浓墨重彩的一笔。但是，即使暖如科胡特这样的分析家也是在对人类冰冷创伤的深刻洞见下，强调了生命的存在需要共情的抱持。

目前正在通过网络在中国教学的肯伯格大师也属于人性的冷峻的观察者。他认为从更广泛的意义上讲，生本能和死本能是驱使人类一方面寻求满足和幸福，另一方面进行严重的破坏性和自我破坏性攻击的动力，他强调这种矛盾性。他认为有种乐观的看法，即假设在早期发展中没有严重的挫折或创伤，攻击性就不会是人类的主要问题。死亡驱力与这种对人性更为乐观的看法大相径庭。作为人类心理学核心的一部分，死亡驱力的存在非常不幸地是一个在实践中存在的问题，而不仅仅是一个理论问题。如前所述，在底层，所有潜意识冲突都涉及某种发展水平上的爱与攻击之间的冲突。

也许是为了避免遭受与弗洛伊德一样的批评，或者是随着科学在弗洛伊德以后百年的发展，肯伯格更加谨慎地相信死本能至少在临床上是很有意义的，他也强调了在特殊文化下（如希特勒主义和恐怖主义中）死本能的问题。

肯伯格认为精神分析界目前正在努力解决的问题是：驱力是否应该继续被认为是原始的动机系统，还是应该把情感作为原始的动机系统（Kernberg, 2004a）。而情感是与大脑神经系统相关的。

现在肯伯格已经不是唯一持这种观点的人。他们认为情感构成了原始的动机系统，它们被整合到上级（指上一级大脑）的正面和负面驱力中，即力比多驱力和攻击性驱力中。这些驱力反过来表达它们的方式，是激活构成它们的不同强度的情感，通过力比多和攻击性投注的不同程度的情感表现出来。简而言之，肯伯格相信情感是原始的动机。

肯伯格对不同程度的精神病理，对强迫性重复的"死本能"的理解令人印象深刻。实际上重复与自恋相关，温尼科特的名言是"没有全能感就没有创伤"。肯伯格认为：强迫性重复可能具有多种功能，对预后有不同的影响。有时，它只是重复地修通冲突，需要耐心和逐步细化；另一些时候，代表着潜意识的重复与令人挫败或受创伤的客体之间的创伤性关系，并暗暗地期望，"这一次"对方将满足病人的需要和愿望，从而最终转变为（病人）迫切需要的好客体。

"许多对创伤性情境的潜意识固着都有上述这样的来源，尽管有时这些固着也可能反映了更原始的神经生物学过程。这些原始过程处理的是一种非常早期的行为链的不断重新激活，这种行为链深深植根于边缘结构及其与前额皮质和眶前皮质的神经连接中。在许多创伤后应激障碍的案例中，我们发现强迫性重复是一种对最初压倒性情况的妥协的努力。如果这种强迫性重复在安全和保护性的环境中得到容忍和促进，问题可能会逐渐解决。"

然而，在其他案例中，特别是当创伤后应激综合征不再是一种主动综合征，**而是作为严重的性格特征扭曲背后的病原学因素起作用时**，通俗地说，当创伤事件在人格形成的初始阶段（即童年）就发生，并且在成年早期反复发生导致人格障碍时，强迫性重复可能是在努力地克服创伤情境，但潜意识却在认同创伤的来源。病人潜意识认同创伤的施害者，同时将其他人投射为受害者，病人潜意识地重复着创伤情境，试图将角色颠倒，就好像世界已经完全变成了施害者和受害者之间的关系，将其他人置于受害者的角色（Kernberg，1992，2004）。这样的反转可能为病人提供潜意识的胜利，于是强迫性重复无休止地维持着。还有更多恶性的强迫性重复的临床发现，比如所谓的"旋转门综合征""医生杀手"，患者出于想胜过试图提供帮助的人的潜意识感觉，而潜意识地努力破坏一段可能有帮助的关系，只是因为嫉妒这个人没有遭受病人所遭受的心灵痛苦。这是一种潜意识的胜利感，当然与此同时，病人也杀死了自己。

简而言之，强迫性重复为无情的自我破坏性动机理论提供了临床支持，这种破坏性动机理论是死亡驱力概念的来源之一（Segal，1993），在最严重的情况下，对他人的过度残忍和对自己的过度残忍往往是结合在一起的。

强迫性重复在临床和生活中也呈现最轻微的形式："他们由于潜意识的内疚而破坏了他们所得到的东西，这种内疚感通常是与被深深地抑制的俄狄浦斯渴望（因为过于僵硬的超我）有关，或与对需要依赖的早期客体的潜意识攻击性（爱与恨的矛盾情感）有关。这些发展（水平的病人）比较容易理解，也比较容易治疗；在此，自我破坏是为了让一段令人满意的关系得以发展而必须付出的'代价'，其原始功能不是破坏一段潜在的良好关系。"这类似于药物治疗的副反应。

在这本书冷峻的基调里，我们还是看得见人性温暖的一面，也就是强迫性重复的自愈功能，以及临床工作者与患者一起为笼罩着死亡气息的严重创伤寻找的生路。

肯伯格认为创伤、病理性自恋和强迫性重复的预后取决于多种因素，其中，拥有基本的共情能力，总体来说是有道德良知的，对弱者感到关切，在工作、文化、政治、宗教中有一个真正的稳定的理想，这些都是预后良好的因素。

最后，现年95岁的肯伯格认为，至少临床上应该支持死亡驱力的概念。

三、《防御过程中自我的分裂》

接下来，我们来到《防御过程中自我的分裂》。与此相关的是：研究发现创伤、重复和死亡驱力后，这些人怎么存活下来的问题也如影相随。虽然在弗洛伊德最早的著作［1895年的《癔症研究》(*Studies on Hysteria*)］中，他就提出了"分裂"的概念，但这个概念直到在他很久以后的著作中才在理论上得到解决。1938年，在《精神分析纲要》一书中，他将"分裂"描述为一种"防御过程中的自我分裂"。这是人类面对创伤自我的感知时的防御，感知部分地被接受，同时部分地被否认，在心智中导致两种相反的态度共存，而又显然彼此"和平共处"，但这种在自我感知和驱力之间的分裂线上刻入的缺口，将成为所有后续创伤的断裂来源。

弗洛伊德认为人类的心智有能力将痛苦的经历隔离开来，或者主动尝试将自己与这些经历隔离开来。

自1938年以来，这些概念在精神分析领域经历了许多发展和修改。

最重要的贡献来自梅莱尼·克莱因。由弗洛伊德引入，后来被克莱因、比昂和梅尔泽修改的这个概念的新颖独创性，在于提出自体的两个或多个部分在精神世界中分裂，并继续生活在相伴随但彼此隔离的生活中，根据它们各自的心理逻辑运作，过着不同的生活。

克莱因的工作阐明了就"好与坏"客体而言，客体的分裂这一观点。她的许多追随者都研究过病理性分裂的各个方面，特别是在临床的"边缘"或"非神经症"状态。这些概念在精神分析领域经历了许多发展和修改，当今的看法是：分裂机制诸如否认、投射性认同、理想化等是基本的心理组织方式之一。这些假设和概念已经成为当前精神分析实践的特征。

今天，无论它是作为一种防御机制还是心智构建过程，我们不再质疑是否存在一种被称为"分裂"的心理现象，目前我们想知道的是：它如何参与心理建构、它产生了什么影响，以及自体和客体的分裂部分如何恢复。

1978年，梅尔泽在其开设的关于比昂思想的入门课程中讲道：对于不熟悉"分裂"和"投射性认同"概念使用的人，以及那些可能对这些概念有点厌倦的人来说，可能很难意识到克莱因夫人1946年的论文《关于一些分裂机制的笔记》(*Notes on Some Schizoid Mechanisms*)对那些与她密切合作的分析师产生的震撼人心的影响。除了比昂后期的作品之外，可以说，未来三十年的研究历史可以由现象学和这两个开创性概念的广泛影响来书写（Meltzer, 1978）。

从弗洛伊德之前的精神病学，到弗洛伊德，再到克莱因和费尔贝恩，最后到比昂，"分裂"一词的含义历史悠久而错综复杂。这一术语的含义和不同作者构思其作用的方式，根据参与本书写作的不同作者的共时性和历时性解读而有所不同。

对于克莱因来说，这个概念似乎与未整合（non-integration）状态的概念混合在一起，这是她得自温尼科特的一个概念，是活跃分裂之前的一种状态。在这种情况下，分裂并创造第一个心理结构，而与之相伴开始行使功能。

比昂更进一步，提出不仅自体的部分可以被分裂，心理功能也可以被分裂。

心理分裂更直接的后果是精神生活的贫乏。当病人从痛苦和无法承受的情绪中分离出来时，他也能够从拥有那种情绪的那部分自体中分裂出来。他认为这导致精神的贫乏，这种贫乏以各种形式发生，人就失去了精神生活的连续性，因此人对自己的感受和行为负责的能力也就减弱，进而干预和掌控自己命运的能力受到严重影响。由于情感体验之间失去连接而分裂，象征化的能力和建构心理表征的可能性明显受到阻碍。

托马斯·奥格登（Thomas Ogden, 1992）将这两种位置（偏执分裂位和抑郁位）定义为"'产生体验的手段'，这对个体在成为自己历史的一部分和产生自己的历史（或不能这样做）方面的作用以及主体性的辩证构成的议题，进行了非常丰富的反思。一种产生体验的非历史性方法剥夺了个体所谓的我性（I-ness）"，换句话说，我性是指"通过'一个人的自体和一个人的感官体验之间的中介实体'来诠释他自己的意义的能力"。

分裂造成的历史不连续感导致情感肤浅，这也影响了一个人与自己的自体，或如克莱因学派所说的内部客体之间，保持鲜活的亲密对话的可能性。

比昂认为：在记忆或心理功能之间建立障碍所指的不仅是自体部分之间的分裂，而且是心理功能的分裂，分裂的机制通过破坏或碎片化情感体验的意义，干扰了人类精神生活的核心结构，继而也使产生象征的能力趋向枯竭。

在这种情况下，精神分析会谈中对潜意识分裂产生的洞察力，将病人从一种带来伤害的构建生命历史的方式中解放出来，这种方式被过去的情感经历严重限制，导致自动重复（强迫性重复模式），并生活在再次被创伤的危险氛围中。

在这种背景下，整合分裂的部分，还具有释放潜能的功能。

"重要的是要强调，修复过去的创伤情境只有通过整合自体分裂部分才有可能。"

在今天的精神分析中有一个共识，即反移情起源于投射性认同的过程，因此以分裂作为基础。通过投射性认同，病人将自体的一些方面（或全部）投射/分裂到分析师身上。分析师（投射性认同的接受者）在投射中暂时成为被病人否认/分裂的那些方面。他将自己转变为因病人存在冲突而不能存在的我——自体。因此，病人的投射部分，总是指自体的分裂部分，在分析师的主体性中被客体化。奥格登（Ogden，1994a）指出，在医患的投射性认同中，主体间性就诞生了。我理解这就是创造性，医患双方都得以再创造。

这样的创造让我们以有情感反应的方式生活在一个持续不稳定的世界中，而这些情感中不仅仅是恐惧。今天，重新整合自体和客体的分裂部分，不仅与重建过去的创伤有关，最重要的是，还与个体将自己视为其历史的主体的可能性有关。

四、《抑制、症状和焦虑》

我们终于来到了精神病学中最重要的现象学——焦虑。当今的科学精神病学（在此处主要指生物精神病学）对焦虑障碍有很大的人力、物力的投入,希望在不久的将来能看到重要的突破。

《抑制、症状和焦虑》毫无疑问是弗洛伊德最重要的理论论文之一。该论文写于1925年,它包含了精神分析在接下来的几年里所取得的几乎所有发展的种子。焦虑作为一个症状、一个显著的现象学特征,无处不在地充斥在每个环节中。为焦虑寻源毫无疑问成为弗洛伊德必须要完成的任务。为了实现自己的目标,他依靠了广泛的人文教育,这种教育由早熟的好奇心和阅读经典来推动,他甚至在维也纳创办了自己的西班牙语学院,以完成用原始语言阅读 Don Miguel de Cervantes Saavedra 的《堂吉诃德》。因此,由于这种永不熄灭的求知欲,他熟悉了人性中最肮脏的隐秘角落,也熟悉了最高尚的角落。严谨研究者的精神是他的另一个个性组成部分,体现在他的作品中。这一品质是在布鲁克和梅内特的实验室中形成的,他在那里以神经生理学家的身份进行训练和研究。这两个实验室都被视为他那个时代科学实证主义的杰出机构。

对"潜意识"的发现会质疑理性意识,但他从未失去过认识论上的现代主义和批判精神。他没有质疑或否定对有意识的头脑的需要,更重要的是对可理解性的需要,以实现对概念和理论的阐述。

他第一次进入焦虑问题可以追溯到1893年与 Wilhelm Fliess 的通信,而后在长达近四十年的众多著作中继续探讨,并延伸到1932年至1933年的《精神分析新论》(Freud,1933a),这也是他那个时代前精神分析医学风格的典范。他将"焦虑神经症"与"神经衰弱症"(Freud,1895)分开,他阐述了他的第一个焦虑理论,将其定义为由心理能力不足或这种兴奋的累积所导致的心理上无法处理过度的躯体性兴奋。在这里,性唤起最终转化为焦虑。

现代精神病学将其纳入"焦虑障碍"一词中,他逐渐从"身体上的性兴奋"转变为心理上的力比多(libido)"性欲",正是这种性欲,而不是通过适当的性行为,转化为焦虑。这可以被认为是他第一个焦虑理论的顶点。他第一次不仅处理了"神经症性"焦虑,还处理了"真实"焦虑,以及两者之间的关系;这使他在两种情况下都发展出了"危险情境"这一主题,即焦虑是对感到危险的应对。他提出了"物种癔症"的假设,并为这种情感的生物学意义开辟了道路。在不断的探索中,他发现焦虑是由自我产生的,而不是本能，他以这样的方式放弃了最初力比多转化为焦虑的说法，他以酒转化为醋的化学反应为基础来进行比喻。他认为焦虑也不是潜抑的结果，正是焦虑促进了潜抑。由此，他的第二个焦虑理论形成。

此外，因为肯定了人类系统发育和动物生活中情感的生物学显著意义。他还提出了一个与现代神经科学联系的桥梁，我们可以在《抑制、症状和焦虑》一文中找到帮助我们建立适应我们时代的精神分析疾病分类学的理论元素。

随后随着精神分析的发展，温尼科特在二十世纪四五十年代、科胡特主要在六十年代进入这一领域，他们将自我紊乱的焦点从以驱力为中心的固着转移到发展中的停滞。婴儿依赖母性的照顾来获得安全的氛围和安全的内部环境基础，这一点至关重要。要促进心理的发展，父母和孩子之间必须进行更多沟通。但是即使在婴幼儿期间，父母和孩子之间有最令人满意的经历，照料中也会出现中断和不可避免的失败。这些挫折会导致婴儿不同程度的痛苦，表现为烦躁、紧张、反应性愤怒和焦虑。这就是所谓"good enough mother"（六十分及格）父母的来源。

在这一本书里，还展示了IPA重大的变革，它包含拉康派（早期被IPA开除）学者论焦虑的文章。他认为当现实客体的消失所产生的焦虑指的是这样一个事实：驱力还在那个现实客体消失的地方存在，它"要求"丧失物的象征和想象的存在。只要丧失的东西被带走，悲伤就会出现，而悲伤所带来的焦虑和痛苦也会随之而来。这种表述与弗洛伊德的《哀伤与忧郁》一文所表述的何其一致，这也体现了拉康后期的观点：回到弗洛伊德。

然而，随着二十世纪的发展，尤其是从二十世纪五十年代末开始，到二十世纪后半叶，关于大脑的研究取得了重大进展，神经科学包括神经解剖学、神经生理学、神经生物学和神经心理学，已经成为一门多方面的学科，并以较快的速度发展。对一些精神分析学家来说，这些发现显然有助于推进精神分析理论的发展。在婴儿早期发育中，记忆和记忆系统，以及情绪，特别是恐惧和焦虑方面的研究发现，被认为是有助于不断完善基本理论原则的领域，而广泛的概括可以被更详细地划分和研究。

重要的是要记住，疼痛、恐惧和焦虑，尤其是预期焦虑，是一种警告系统，告诉我们身体完整性面临危险或威胁；这些系统具有保护作用，不仅对生存至关重要，而且对维持健康也至关重要。尽管表面上看起来有违直觉，但我们需要不快乐才能获得快乐，因为如果没有我们的恐惧和焦虑系统，我们将处于危险之中。

回到弗洛伊德最后一个焦虑理论至关重要的攻击性方面，即信号焦虑。

当他提出这个概念时，信号焦虑警告危险并动员防御。这就是他在《抑制、症状和焦虑》中所说的："对不受欢迎的内部过程的防御将以针对外部刺激所采取的防御为模型，即自我以相同的方式抵御内部和外部危险。"

总之，一百年后，随着神经科学的发展，弗洛伊德的身份认同——神经科医生身份与精神分析创始人身份，达到了更进一步的整合。这套丛书也展示了当今国际精神分析协会的观点。

五、《论开始治疗》

本套丛书在众多的令人头痛的理论探索之后，终于来到了也许是专业读者们最关心的问题，怎样做精神分析治疗。在这个环节，我不想做更多的赘述，丛书编辑 Gennaro Saragnano 的这段描述就相当简洁和精彩：

"《论开始治疗》（1913）是 Freud 最重要的技术文章之一，这是他在 1904 年至 1918 年间研究的主题。这篇论文阐述了精神分析的治疗基础和条件，为分析实践提供了坚实的参考。弗洛伊德把技术说成是一门艺术，而非一组僵化的规则，他总是考虑到每一种情况的独特性，虽然自由联想和悬浮注意的基本方法被指定为精神分析的方法，这将它与暗示区分开来。"

在这本书中，来自不同精神分析思想流派和不同地理区域的十位著名精神分析师，将当代的技术建议与弗洛伊德建立的规则进行对质。根据分析实践的最新进展，这本书重新审视了以下重要问题：当今开始一个分析的条件；移情和联想性；精神分析师作为一个人的角色扮演与主体间性；当代实践中的基本规则阐述；诠释的条件和作用；以及在治疗行动中充满活力的驱力。

回到本文的开头，针对弗洛伊德方法的主观性的不足，精神分析治疗开始要求精神分析师进行严格的、长期的（基本长达四到五年）、高频的（每周四次）分析。这也与精神分析理论的"受虐在施虐之前"相一致。难道成长不是一场痛苦的旅行？痛过之后才能对人生的终极命题——死亡——坦然接受吧！

童俊

2023 年 8 月 1 日星期二 于武汉

国际精神分析协会出版委员会第三辑[1]出版说明

这个重要的系列由 Robert Wallerstein 于 1991 年创立，随后由 Joseph Sandler、Ethel Spector Person、Peter Fonagy、Leticia Glocer Fiorini 编辑，最近由 Gennaro Saragnano 编辑。它的重要贡献引起了世界很多不同地区的精神分析学家们的兴趣，并成功地创建了一个促进思想交流的论坛。因此，作为国际精神分析协会出版委员会的现任主席，我非常荣幸能为这个最成功的系列再添一辑。

本系列的目的是从历史和当代的角度来探讨 Freud 的作品。一方面，这意味着对 Freud 作品的重要贡献的强调，这些贡献构成了精神分析理论和实践的轴心；另一方面，还意味着对当代精神分析学家们围绕 Freud《全集》（*oeuvre*[*]）产生的思想的学习与传播，包括他们之间的契合点与不同之处。本系列收录的作品来自不同地区的精神分析学家们，他们代表了不同的理论立场。

在这个系列中，人们看到 Freud 的论文仍然是被深入讨论和阐述的主题。对 Freud 作品的延伸讨论证明了其遗作的丰富性，其中蕴含原创性、创造性以及时常具有启发性的思考。其作品已成为孕育新思想与发展的

---

[1]《当代弗洛伊德：转折点与重要议题》（第三辑）简称"第三辑"。——编者注。

[*] 此处应为原文英译者的省略，全称为 *Oeuvres complètes*（《全集》）。——译者注。

温床。

精神分析思想在发展的同时，保留了其原始构想的很多核心要素。我们必须承认并思考的是，这导致了在理论和临床方面的多重转变。因此，我们不仅要避免轻松而不加批判地接受概念，还要考虑到日益复杂化的体系。在这些体系中，对于Freud原始论文中的议题，既有观点上的相似和趋同，也有方法上的差异。

Freud的作品《不可思议之意象》中的多重主题预示了Freud理论的很多重大发展，尤其是引领Freud从心理的地形学模型*（topographical model）走向心理结构模型（structural model）。《不可思议之意象》是一项对人类经历的重要研究，其特点是既有趣又令人不安。这篇文章提出了潜意识的基本神秘本质。Freud将这项研究建立在他对文学文本的思考上，在这些文本中，作者们刻意地创造出关于客体本质（死的/活的；人类/机器人）的模糊感。Freud断言，从精神分析的角度来看，这种不可思议的体验是对外部世界的感知与内在原始及被压抑的感知突然联系起来的结果。不可思议的经历是由一个被压抑和被遗忘的熟悉客体的重新出现触发的。在短时间内，潜意识和有意识之间的界限变得模糊。个体的认同感是不稳定的，自我和非自我之间的界限是不确定的。这种经历有一种难以捉摸的特性。这种体验一到达意识就消失了，从而给主体留下一种古怪感（a feeling of strangeness）。

该书的编辑邀请了来自IPA不同地区的八位卓有贡献的学者，从当代精神分析思想的角度来讨论和定位Freud的《不可思议之意象》的理论。我们最终得到了令人印象深刻的大量文本，作者们不仅讨论了原始文献的中心思想，还在概念的丰富性上进行了显著和创造性的扩展。

出版委员会很高兴出版《论〈不可思议之意象〉》一书。Catalina Bronstein和Christian Seulin在本书的编辑过程中富于经验，手法娴熟。这

---

* Freud在关于心理的"地形学模型"中将心理划分为三个不同的领域：潜意识、前意识和意识。——译者注

本重要著作不仅会吸引精神分析专业的学生和精神分析学家们阅读，还会吸引那些想要了解 Freud 的工作及其思想演变和潜意识在精神生活中的重要性的普通读者们。我想衷心感谢本书的编辑和作者，让它与 IPA 丛书的优良传统一脉相承。

Gabriela Legorreta
IPA 出版委员会主席

目 录

001 **导论**

003 论弗洛伊德的《不可思议之意象》
克里斯蒂安·修林（Christian Seulin）

009 某种宿命性的和不可避免的事情
卡塔利娜·布朗斯坦（Catalina Bronstein）

017 **第一部分　《不可思议之意象》（1919）**
西格蒙德·弗洛伊德（Sigmund Freud）

049 **第二部分　对《不可思议之意象》的讨论**

061 当分析环境变得不可思议时
罗斯福·M. S. 卡索拉（Roosevelt M. S. Cassorla）

069 不可思议之意象中的双重自我
瓦莱丽·布耶（Valérie Bouville）

081 《百年孤独》和临床中的不可思议之体验及时间的开始
罗辛·约瑟夫·佩雷贝格（Rosine Jozef Perelberg）

103 弗洛伊德的《不可思议之意象》和《莱昂纳多·达·芬奇和他对童年的一个记忆》：重新评估本能驱力
乔治·L. 阿乌马达（Jorge L. Ahumada）

124	美学、不可思议之意象和精神分析框架
	格雷戈里奥·柯（Gregorio Kohon）
143	寻找不可思议之意象
	霍华德·B. 莱文（Howard B. Levine）
152	以弗洛伊德与费伦奇之间的历史性分歧为核心探讨不可思议之意象
	蒂里·博卡诺夫斯基（Thierry Bokanowski）
168	"不可思议之意象"是一种长有羽毛的东西（关于原初场景、死亡场景和"命运之鸟"）
	伊格尼斯·索德雷（Ignês Sodré）
187	**专业名词英中文对照表**

导 论

论弗洛伊德的《不可思议之意象》[1]

克里斯蒂安·修林（Christian Seulin）[2]

《不可思议之意象》出版于 1919 年。E. Jones 报告说，它源于几年前写的初稿。这个复杂的文本由三个部分组成。我将回顾文章的脉络和 Freud 提出的主要观点，并补充一些评论和诠释。

我们能够觉察到 Freud 在识别不可思议之意象的特殊核心时所遇到的窘境，这个特殊核心处于激发内心痛苦的各种因素的中心位置。基于对德语词汇的语言学分析，Freud 提出要在令人感到熟悉和令人觉得不可思议的两类事件之间建立关系，让他想到了人们常说的一个词——"矛盾心理"（ambivalence），引起这种矛盾心理的内在体验，将会转变成一个人心底的秘密，或者会被隐藏在记忆的深处，最终与不可思议之意象联系在一起并与之合并。

Freud 用 Hoffmann 所叙述的"沙人"（The Sand Man）作为这种不可思议感觉的例证。对他来说，令人恐惧的是"沙人"这个角色。Freud 将父亲情结（the paternal complex）和阉割情结（the castration complex）作为他分析这个故事的中心。"沙人"会扯掉不想睡觉的孩子的眼睛。失去眼睛使可怕的阉割成为现实。Freud 完全采用了俄狄浦斯情结的视角（oedipal perspective）。然而奇怪的是，故事中女性角色的位置是次要的、不重要

---

[1] 由 Christine Miqueu-Baz 翻译。
[2] Christian Seulin 是巴黎精神分析学会（SPP）的培训和督导精神分析师，也是国际精神分析协会的成员。他是 SPP 培训委员会执行委员会的前任秘书，也是 SPP 里昂小组的前任主席。他现在住在里昂并在那里执业。他写了五十多篇文章和书的章节，还独自出版了一本书。2009 年至 2017 年，他在 IPA 出版委员会担任编辑。

的。我们只找到了一些简短的片段提及了男主角的母亲和保姆——这两个人都以不同的方式警告他"沙人"的危险及其对眼睛的威胁——以及一个不存在的未婚妻和一个活人偶 Olympia。由于引起年轻的 Nathaniel 好奇的场景总是由两个男性角色带领的,因此,小说中的"生殖"似乎表现出一种同性取向。开始的一幕就发生在 Nathaniel 的父亲和 Coppelius 律师之间,继而的一幕发生在机械师 Spalanzani 和配镜师 Coppola 之间。"火"出现在父亲和 Coppelius 之间的原初场景中,它在发狂的 Nathaniel 后来的呢喃中反复出现,那时他说着"火环,旋转",倾向于暗示激情燃烧的途径。Freud 在他的注释中把父亲的形象分为好父亲和坏父亲。对他来说,人偶 Olympia 代表了 Nathaniel 被动的同性取向立场,但我们必须补充一点,Olympia 是无生命的、机械的,就像它是"被表演出来"的,甚至是受他影响的一样。处于危险中的同性取向更倾向于被认为是一种令人困惑和失去人性的魅力,这与次级认同的问题相去甚远。

这种 Freud 式的分析无疑是有启发性的,但它忽视了女性。故事中明显缺失女性角色。除了阉割焦虑(the castration anxiety)之外,我们还会忍不住去猜测由女性生殖器官所带来的恐怖感。我们可能会想,是不是看到它们会灼伤眼睛,让眼珠从眼眶中爆裂开来。女性生殖器官所代表的意义远远超出了它本身,狭缝所象征的事物,以及那个模糊且隐秘的裂痕所象征的事物,揭示了个体形成原始自恋组织(the primary narcissistic organization)所体验到的挫败感。在母亲对 Nathaniel 的凝视中带有一种令人恐惧的空洞的痕迹,这个痕迹带来了可怕的焦虑感,唯有这种程度的焦虑感,才能解释主人公妄想狂的发作,因为这种焦虑触及了男主角的身份认同。

事实上, Freud 继续在《魔鬼的万灵药》(*The Elixirs of the Devil*)中探索,这也是 Hoffmann 的作品,其主题以"双重自我"(the double)为主导,包括自我的置换、心灵感应和同一事件的不断重复,Freud 的做法并不让我们感到惊讶。事实上,这些构成了认同的基础。

Freud 接着着眼于 O. Rank 对双重自我的研究。Freud 在 1923 年[《自我和本我》(The Ego and the Id)]中断言 PC-Cs 系统(知觉-意识系统)是自我的核心。难道我们在这里看不到另一种观点的出现吗?在这种观点中，自我的核心通过模仿和最初的认同在心灵的深处逐渐成形。在那里，在确保了认同的绝对持久性和战胜死亡恐惧之后，客体带着不可捉摸的不确定性，出现在即将成为自我的东西的核心中。从这个双重自我的问题开始，Freud 为发现超我做好了准备——超我以"道德良心"（moral conscience）的形式出现，是自我分裂的一种形式；他于 1923 年制定了元心理学的基础，并从中提到了其同年著作《超越快乐原则》（Beyond the Pleasure Principle）中有关强迫性重复（repetition compulsion）的重要意义。对于 Freud 来说，在《魔鬼的万灵药》中被唤起的自我分裂和各种各样的变化代表了原始阶段的形成，这些阶段虽已被跨越，但当它们回归时就会唤起不可思议的感觉。Freud 在为自己辩护以免让自己屈服于泛灵论的同时，还引用了一个数字"62"偶然及重复出现的例子，由于认为"62"这个数字很可能预示了自己的大限，因此，该例引发了其恐惧感。

自我功能的这些早期阶段与《图腾与禁忌》（Totem and Taboo）中已经提到的婴儿泛灵论和原始自恋有关，尽管克服了自恋，但伴随着全能感的想法，这种自恋在大多数男人内心中仍然很活跃。比如对邪恶之眼的信仰或相信亡灵的存在，这类迷信指的就是此类自恋体验。在"邪恶之眼"的例子中，Freud 描述了一出关于认同的"剧作"，其中嫉羡（envy）所投射的位置预示了 M. Klein 稍后将介绍的"投射性认同"（the projective identification）的概念。

在这一点上，论文开始勾勒出一个重要的论点，关于不可思议感与被压抑者的回归之间的联系，以及被压抑者的回归与已被跨越的自我发展阶段之间的区别。严格来说，即便早期自恋这一类的婴儿泛灵论与被压抑的情结之间有着密切的关系，这些仍不能被视为一种压抑。

截肢这种令人不安的主题与被压抑的阉割情结有关，活埋的主题与回到母体的潜意识幻想有关。在神经症的案例中，女性生殖器官似乎令人恐惧，这种恐惧来自被压抑的渴望——重回"故土"。另一方面，泛灵论只需与物质现实相接触就可以得以展现出来。这种现象很容易在强迫性神经症的病例中得到解释，例如在著名的"鼠人"（Rat Man）案例中。当幻想和物质现实之间的界限消失时，Freud 提出了这种不可思议之意象的影响。

然而，Freud 研究了许多反例，在这些反例中，人们期望通过一个主题或一个情境，引发一种难以置信的效果，然而，幻想和物质现实之间的界限却没有消失。因此，他必须区分文学中的不可思议感与生活中的不可思议感。

在生活中，当一种泛灵论思想或愿望在物质现实中得到确认的时候，那种不可思议的体验就会被唤起。这将成为一个与现实检验能力有关的问题。就好像当主体告诉他自己诸如"这就是真的"这样的话的时候，令人不安的麻烦就出现了。我们必须将这一系列例子归于潜意识的重复的范畴内。这种潜意识的重复不仅为揭示迷信思想提供了思路，同时也与双重自我这一概念不期而遇。接着，Freud 引用了他在火车卧铺车厢里遇到的那个著名的例子。在那节火车车厢里，有一个洗漱柜紧挨着包厢的门，洗漱柜里面有一面镜子。Freud 恍惚间认不出镜子里的那个他。他相信他看见了一名老人朝着他走过来。他认为这名老人走错了车厢。在这里，Freud 用被陌生人侵入的想法替代了他与双重自我相遇的不可思议感。也许，如今，在 Freud 发表了《分析中的建构》（Constructions in Analysis）（1937）之后，我们可能会想要知道，我们对自我的省视是否合适，我们也会去思考心理幻觉的倾向性。为了创造这种不可思议感，这些由过去经历的痕迹所形成的幻觉，会与当下的感知混合起来。当我们不期待看见自己的时候，我们省视自己时所持的态度，就不再是我们想要了解自己时所持的态度了。这不就是我们所希望的吗——回避时间流逝、逃避衰老，或者想要在镜子里找到当初妈妈眼里的我们？

根据 Freud 的说法，寻求第一种泛灵论的情况是很普遍的，而被压抑的情结在现实生活中被物质现实激活是很不寻常的。

作为对生活境况的总结，以及为了唤醒那种不可思议之体验，Freud 认为人们要么是将被压抑的情结回归到现实生活中，要么是明显确认原始信仰的存在。

在文学中，有更多的机会去创造一种不可思议的感觉。读者很容易自然地适应作者向他展现的世界,从而去接受它。因此,一个出现幽灵和仙女、尸体复活的世界不会引起不可思议的感觉——只要这些原本可怕的人物角色被认为是合情合理地属于作者的世界的。Freud发现了许多能唤醒这种不可思议感觉的写作技巧。作者可以让读者相信,他将自己作品里发生的事情定位在一般物理现实中,这对读者来说是一个令人沮丧的解决方案,因为读者发现自己陷入了某种不由自主的境地。更微妙的是,作者可能会把对世界本质的评估放到一边,让读者想象这就是现实,从而让他/她更加惊讶。

至于作家所引发的压抑情结,由于相同的内容可以产生截然不同的效果,因此,这些部分并不重要。文学作品中最重要的部分,是那些能够激起读者认同的地方。因取决于对角色的认同,读者的不可思议之体验可能会出现,也可能不会出现,尽管情节里可能包含某种被压抑之物,例如,通过断肢的主题唤起阉割焦虑。

Freud的文章内容翔实,举例颇丰。Freud说,即便在研究语言之前,这些例子也都是他反思的起点。这种反思似乎也处于Freud的两种思维模式的十字路口,是认同主题的前身,并在不久后于《群体心理学与自我分析》(Group Psychology and the Analysis of the Ego)(1921)中得以拓展,随后成为《自我与本我》中自我的元心理学概念和超我主题的核心。他在《超越快乐原则》中以那个时代的方式探讨了强迫性重复的问题。几年后,心灵感应的主题在《精神分析与心灵感应》(Psychoanalysis and Telepathy)以及1921年的《梦与心灵感应》(Dream and Telepathy)中再次被提及。对心灵感应和投射性嫉羡的暗示将在几年后被定义为投射性认同。与此同时,(小说的)解释性风格仍然被以神经症为中心的第一种思维模式的概念深深地打上了烙印,Freud将其运用在《沙人》中Nathaniel的案例中,他似乎在阐释有某种力量在迫使我们去做些什么。这篇文章向我们展示了Freud处于探索精神生活概念的十字路口,在一个预示着后续构想的过程中进行探索。这也可能反映在其论文的两步写作(two-step writing)中。一些极具说服力的提议超出了Freud毕生发展的理论。我虽提到了投射性认同,但我们也可以想到一些阶段,Freud认为它们与潜意识自我的整体问题同时出现,已被经历过或已被自我超越。我们还可以想到客体在结构中的中心位置，以及自我在早期关系中的萌发。

在这本书里，来自国际精神分析界的杰出同事同意根据 Freud 的《不可思议之意象》一文来撰写文章，他们所引用的文章涵盖了 Freud 向我们提供的大部分前期作品。除了对移情和反移情之间不可思议之意象的动力学的当代临床研究之外，作者们还探索了理论、美学、文学以及历史问题。

某种宿命性的和不可避免的事情

卡塔利娜·布朗斯坦（Catalina Bronstein）[1]

本书对"不可思议之意象"一贯带给人们的神秘且迷人的体验进行了探索。这种体验包括从一种略微令人不安的古怪感到一种似乎拥有恶魔特质的感觉。然而，正如 Valerie Bouville 在她的书中所指出的那样：总有一种"难以捉摸的特质，一旦被感觉到，它又会立即消失"。Freud 在这篇论文中提出了很多不同的主题和理论脉络，从自恋和"双重自我"在内心的地位，强迫性重复，围绕阳具竞争、同性恋和俄狄浦斯情结、偏执焦虑和妄想的主题，到理解诸如客体分裂、全能妄想（omnipotence of thoughts）以及精神现实和物质现实之间的关系。基本上，对潜意识内在奥秘的探索似乎是他撰写论文的驱动力。

在《关于一个强迫症病例的笔记》（Notes Upon a Case of Obsessional Neurosis）中，Freud 引用了他的一个患者对其症状的描述：

> 我曾经有个病态的想法，我认为我的父母知道我的想法；我是这样来解释这个想法的，我假设我已经大声地向我的父母说出了我的想法，只是我没

---

[1] Catalina Bronstein 是英国精神分析协会的培训分析师和督导师。她最初在布宜诺斯艾利斯接受精神科医生的培训，后来在塔维斯托克诊所（伦敦）接受儿童心理治疗师的培训。她是一名儿童、青少年和成人精神分析学家，在伦敦布伦特青少年中心工作并私人执业。她是许多论文和书籍章节的作者。她编辑了《克莱因理论：精神分析的一个当代视角》（Kleinian Theory. A Contemporary Perspective）。她和 Edna O'Shaughnessy 共同编辑了《回顾对链接的攻击》（Attacks on Linking Revisited）。她还共同编辑了《新克莱因-拉康对话》（The New Klein-Lacan Dialogues）。同时 Catalina Bronstein 是伦敦大学学院精神分析系的客座教授，也是英国精神分析学会的前主席。

有听见我这样说了。我把这看作是我疾病的开始。对于一些人，一些女孩子们，她们长得真是赏心悦目，于是，我便按捺不住期待她们赤身裸体的模样。但在这样的期待中，我产生了一种不可思议的感觉，就好像如果我想到什么事情，它就一定会发生，而且我似乎必须去做些什么来阻止其发生。

这位患者将对引发不好事情的恐惧与对其父亲可能死亡的恐惧联系在一起，"关于我父亲死亡的想法，自我很小的时候开始就一直挥之不去，并且持续了很长一段时间，使我极度抑郁"（Freud，1909）[162]。在 Freud 的《不可思议之意象》一文中，父亲这一角色在与不可思议之意象的联系中的作用变得至关重要。尽管 Freud 在其早期作品中提到了"不可思议"这个词［例如，在《关于一个强迫症病例的笔记》（1909）和《图腾与禁忌》（1913）中］，但在这篇文章中，他将其作为主要话题进行了详细的探讨。

Freud 的思想基于 Hoffmann 的小说《沙人》（1816）。正如 Christian Seulin 已经研究过的，主角 Nathaniel 和其父之间的关系是故事的核心部分。Nathaniel 与两个父亲的分裂形象作斗争，也就是说，我们可以认为这两个男性形象代表了"好的父亲"和"坏的、被阉割的父亲"❶。我想在这里强调一个因素，对于这个因素，我认为 Freud 强调得并不充分，那就是男孩的好奇心。晚上，当男孩的父亲与 Coppelius 在一起的时候，Nathaniel 躲在窗帘后面想看看发生了什么事。关于原初场景的不同方式（同性恋和异性恋）的幻想、想要实际看到正在发生的事情（我们可以说迫切需要看到、去发现）的愿望，以及由这一愿望所引发的惩罚，都与这个故事非常相关。

---

❶ 在 Nathaniel 童年的故事中，父亲和 Coppelius 的形象代表了两个对立面，父亲形象因 Nathaniel 的矛盾心理而分裂：一个"坏"父亲威胁要使他失明，也就是阉割他；另一个"好"父亲则为保护他的视力而求情。情结中最受压抑的部分，即希望"坏"父亲死亡的愿望，在"好"父亲的死中得到了表达，而 Coppelius 要对此负责。这对父亲的形象，后来在 Nathaniel 的学生时代由 Spalanzani 教授和配镜师 Coppola 作为代表。教授本身就是父亲系列的一员，Coppola 被认为与律师 Coppelius 一样。就像他们以前在神秘火盆前一起工作一样，现在他们共同创造了 Olympia，这位教授甚至被称为 Olympia 的父亲。这种共同的双重活动暴露了他们作为父亲的形象的分裂：机械师和配镜师都是 Nathaniel 和 Olympia 的父亲（Freud，1919）[232]。

Perelberg 在她的那一篇论文里论述了原初场景的角色，并讨论了不可思议的幻觉和乱伦幻觉之间的联系、"白天"父亲与"夜晚"或"性的"父亲之间区别的重要性，以及情欲的母性与源自母亲的原始诱惑的影响（Cabrol，2011）。在不可思议的感觉和对女性与女性生殖器的恐惧之间存在一种联系。这种恐惧可能和（与个体起源有关的）原始乱伦幻想有关，这种幻想可以在后来的分析中被重新现实化。Perelberg 将这些概念做了进一步的拓展，她将这种强迫性重复的影响与一些非常有趣的临床材料以及 Gabriel García Márquez 的杰作《百年孤独》（*One Hundred Years of Solitude*）联系在了一起。

Ignês Sodré 的论文也讨论了原初场景的问题。她研究了同时代表生与死的"命运之鸟"的问题。Sodré 发现了《不可思议之意象》与 Freud 写于 1919 年的论文《一个被打的小孩》（A Child is Being Beaten）（Freud，1919b）之间有趣的联系。Freud 写作它们的时间非常接近。她认为，《一个被打的小孩》也涉及孩子目睹原初场景的体验以及在那之后的噩梦。《不可思议之意象》将为我们呈现一个"生死攸关的原初场景"，在激动人心和令人害怕的性交中唤起我们对父母的身体记忆，并激发"杀死好父亲，让好奇的孩子发疯"这样的想象。通过对文学例子的讨论，Sodré 向我们展示了这样一种有趣的联系，即原初场景中不可思议的恐怖经历和死亡主题与"命运之鸟"之间的联系。

Freud 坚持认为，不可思议之意象"是一类令人恐惧的事情，它会让我们回到已知的、古老而又熟悉的事物"（1919a）[220]。Freud 讨论"不可思议"一词的不同翻译。我想保留强调"邪恶"和"恶魔般"的那一个。Freud 的观点是，必须加入一些东西，才能把熟悉的、安全的和已知的东西变成不熟悉的东西——"不熟悉的、幽灵般的、具有魔力的，而且经常涉及本该被隐藏却被发现的东西"。通过强调 Jentsch［关于"不确定性"（uncertainty）的重要性］的观点，Freud 讨论了《沙人》中的不确定性是否在于"客体是有生命的还是无生命的（就像人偶 Olympia）"。他认为，实际上，更重要的不确定性在于主人公 Nathaniel 是否被夺走了眼睛（对失明的恐惧，他将其与阉割焦虑联系在一起）。他指出了对于被夺走眼睛的焦虑和父亲的死亡之间的联系。在这里，我们遵循 Freud 关于父亲被分为好父亲和坏父亲（Coppelius）的理解，将其作为对父亲的意象（father-imago）的一种划分。Freud 还指出，人偶 Olympia 是对 Nathaniel 婴儿时期对父亲的女性态度（feminine attitude）（投射性认同的早期概念）的具象化表现。

Valerie Bouville 提出，正是不安感和对客体的不确定性"解释了不可思议之意象的特性，不确定性可能表现为一种古老而长久的熟悉感，其可能一直隐藏在无害的外衣下，在过去被放逐，之后又回来了"。她补充道，古老而久远的熟悉感的回归有可能解释这个问题。Bouville 基于下述思想，探索了那种不可思议的体验，即实际上是父亲和儿子的欲望的相互作用导致了 Nathaniel 没有能力去爱一个真正的女人。她通过观察双重自我的角色使这个主题得以发展，双重自我也可以被认为是兄弟姐妹。通过她对临床材料的探索，我们可以看到"激动-阻抗"力量如何阻止所有行动，并在分析师内心中引起强烈的反移情。这种不可思议的感觉似乎是分析治疗中的一种发展迹象。

在 Hoffmann 的小说中，特别是在 Freud 的概念化过程中，我们可以问自己：这个女人的实际角色是什么？Jorge L. Ahumada 关注 Freud 对 Nathaniel 悲剧故事的描述中的一个重要因素：缺少对母爱的提及。女性的角色是受限制的，无论是在故事中还是在 Freud 对它的理解中，我们都看不到明显的真实角色。Jorge L. Ahumada 的论文通过几种不同的方式解释了 Freud 的文章及其不同主题。其重点在于，他认为，Freud 认为"精神分析最晦涩的方面，即如何将本能冲动概念化"，因而，他将把重点放在这些冲动的演变上。Ahumada 将 Freud 对 Nathaniel 的叙述及其论述 Leonardo 的文章进行了比较，这两者在 Freud 写《不可思议之意象》（1919a）时曾在他头脑中浮现，当时他还为论述 Leonardo 的论文增加了两个脚注。Ahumada 在性心理发展的背景下对这一点进行了研究，并认为驱力的作用是从出生开始在个体的情欲和情感接触过程中就已经出现了。在 Freud、Darwin、Balint、Spitz 以及其他作者的语境下，他探索了融合（fusion）的动力学和与客体的关系。Ahumada 强调了性经验融合的冲动与伴随而来的对吞没的恐惧和女性生殖器的不可思议之意象之间的联系。

Freud（1919a）[249]得出的结论是，有两种主要的机制来创造一种不可思议的体验——"被压抑的婴儿情结再次被某种印象唤醒，或者被克服的原始信仰似乎再次被确认"。他强调说，这两类不可思议的体验并不总是泾渭分明的，它们之间的区别可能是模糊的。Freud描述的这两种主要机制在本书中得以检验和拓展。在Roosevelt M. S. Cassorla撰写的论文中，他提示我们注意Freud在"强迫性重复"和不可思议之体验之间建立的联系，这种联系可以通过分析实践中的"离奇的意外事件"得以实现，这种意外事件会让分析师感到"陌生"。他认为，不熟悉感指的是那种原始的经验，尽管它们还没有被充分象征化（symbolized），但这些经验已经被记录下来。这种不可思议的经历，在其程度上将与分析师自身已知/未知之物的对比相符合。他强调了经验在个体内被记录下来的方式和范围（以及不同程度的象征化），以及其与实现俄狄浦斯三角的联系。根据Cassorla的说法，分析师的幻想能力包括允许自己被病人原始的精神状态所侵入，这种状态需要分析师去做"病人无法做出的梦"。这种在他的梦/噩梦中出现的情况会让分析师感到不可思议。Cassorla为我们带来了非常有趣的临床例子，并对此进行了深入探讨。他还将这些经历与Bleger（1967）提出的某种心理位置联系起来，该心理位置早于偏执分裂位置出现，并为一种模糊感所主导，在这种模糊感中，我们无法区分好与坏、内在与外在。这种模糊性可在分析师迷失（disorientation）的临床实践中表现出来。

Howard B. Levine也讨论了原始精神状态和不可思议体验之间的关系。他对Freud的这篇文章（相对于他的其他作品）的地位进行了大有助益且清晰的解读。他强调，在1919年至1920年期间，Freud开始对被视为超越神经症的病理进行研究，并对经典分析的局限性产生了质疑。这可能被视为触及了一个无法被表征的或"无法接近的自我核心"（inaccessible core of self）的想法。Levine探索了他所认为的"无组织的潜意识"和"可以被表征化的（动力性的）潜意识"之间的区别，这种潜意识在概念意义上相对成熟。他提出，感觉上的这种不可思议与神秘的、无法被表征的"自我核心"联系在了一起，这一核心源自与"他人之谜"的接触，并带来了一种"疏离感"。这个神秘的核心可以在精神病的恐怖根源及不可思议的体验中被找到。我认为这有助于我们理解精神病和Hoffmann笔下悲剧性的主人公

Nathaniel 的不可思议体验之间的密切关系。临床上,我们也可以经常在青少年的精神崩溃中看到这一点。

在精神分析和美学中,人们对事物的不可表征性进行表达,是 Gregorio Kohon 在其作品中深入探讨的一个主题。Kohon 认为,审美和神秘提供了一种"共同的体验",因为两者都深深沉浸在"分不清事物是熟悉还是陌生"的感觉中。他对这种不熟悉感与 Andre Green 的"消极"概念在几件艺术作品中所起的作用之间的联系进行了探究。Kohon 运用富有想象力的思维,通过不同艺术家们的作品对这种联系加以说明。他向我们呈现了对 Joshua Neustein、Picasso、Richard Serra、Ai Weiwei 和 Eduardo Chillida 的作品的研究过程。Kohon 检验了"认同"的概念——对自己感到熟悉意味着什么?当我们欣赏艺术或处于精神分析的场景下的时候,我们会遭遇我与非我(me-not me)之间界限的模糊性,我们会因发现一个陌生的自己而感到恐惧,还会有某种人格分裂的感觉。我们需要容受由它们带来的这些陌生感和虚无感。这在分析环境中得以进一步探索,特别是通过"框架"(frame)的概念和移情的发展所做出的探索。与仍然存在的过去有关的时间体验的复杂性、梦的不可思议的特征、"超现实的存在感",这三个部分之所以可以为个体所忍受,还是要归功于精神分析框架的存在。

根据 Thierry Bokanowski 的观点,对于由过去的熟悉事物或情境的表征所引起的动荡不安,可见与 Freud 和 Ferenczi 之间的分歧有关。自 Balint 开始,分析师们都认为这一争论给精神分析界带来了"创伤"。Bokanowski 首先观察 Ferenczi 思想带来的动荡,继而解决他们公开的真实分歧,密切关注他们之间的分歧,以及心理创伤和精神分析技术的关系。Ferenczi 的主动技术及其概念表述上的混乱,使他与 Freud 产生了冲突。这一冲突集中在婴儿创伤(infantile trauma)的概念和精神分析技术上。对 Thierry Bokanowski 来说,是"Ferenczi 的思想可能导致幻想和现实之间的界限被消除"这一重要方面,在 Freud 身上引起这种反应并使之成为不可思议的体验。

《不可思议之意象》也给了我们思考其他防御机制之影响的机会,这些防御机制与压抑和全能妄想共同促进了该现象的产生。我认为 Freud 预言了投射性认同的内涵。他提出了这样一种观点，即不可思议的感觉不是由"客体是死物还是活物"的不确定性带来的，而是从一种婴儿愿望或信念中产生的，这种愿望或信念与"双重自我"是有关系的。

……当主体认同他人时，他会怀疑自己是谁，或者用别人的自我代替自己的自我。换句话说，存在着自我的加倍、分裂和互换。最后，同样的事情不断重复发生。

(Freud，1919a)[234]

我想强调从这段引文中产生的一些观点：个体被夹在一个好客体和一个坏客体之间的分裂中，这种分裂以及 Melanie Klein 后来称之为投射性认同的防御机制，可能受到一个完整的人（whole person）[正如她在关于认同的论文（1955）中所提及的那样] 以及个体的一部分（例如，在《沙人》中，人偶 Olympia 可能被装上了 Nathaniel 的眼睛）的影响。分裂和投射性认同是同一过程的一部分。Freud 将这些机制与俄狄浦斯情结和阉割焦虑联系在一起，同时他也引入了 Rank（1914）的观点，这些观点在其著作《双重自我》(*The Double*)中得到了发展，双重自我是对死亡焦虑的防御，是"防止自我毁灭和否认死亡力量的保险"。但正如 Freud（1919）[235]所言，双重自我可以逆转这一方面，它"曾经是永生的保证，后来变成对死亡的不可思议的预兆"。Klein（1935）描述说，内心对死亡客体的偏执观念是一个秘密的、不可思议的迫害者，随时可能以狡猾和阴险的方式再次出现，由于主体试图通过杀死自己从而摆脱它，所以这种危险将愈演愈烈。

本书在这样一个仍然考验着我们的想象力的主题下，由杰出精神分析学家们撰写的一篇篇复杂而耐人寻味的论文组成。我们希望他们的见解将有助于阐明那种令人毛骨悚然的感觉。

参考文献

Bleger, J. (1967). *Simbiosis y ambiguedad: estudio psicoanalitico*. Buenos Aires: Paidos.

Cabrol, G. (2011). Le refoulement de l'inceste primordial. *Revue Française de Psychanalyse*, 75 (December): 1583–1587.

Freud, S. (1909). Notes Upon a Case of Obsessional Neurosis. In *The Standard Edition of the Complete Psychological Works of Sigmund Freud, Volume X*. London: The Hogarth Press, pp. 151–318.

Freud, S. (1913). Totem and Taboo. In *The Standard Edition of the Complete Psychological Works of Sigmund Freud, Volume XII*. London: The Hogarth Press, pp. vii–162.

Freud, S. (1919a). The "Uncanny". In *The Standard Edition of the Complete Psychological Works of Sigmund Freud, Volume XVII*. London: The Hogarth Press, pp. 217–256.

Freud, S. (1919b). A Child Is Being Beaten. In *S.E., XVII*, p. 219.

Hoffman, E. T. A. (1816 [1984]). The Sandman. In *Tales of Hoffman*. London: Penguin Classics, pp. 85–125.

Klein, M. (1935). A Contribution to the Psychogenesis of Manic-Depressive States. *The International Journal of Psychoanalysis*, 16: 145–174.

Klein, M. (1955). On Identification. In *Envy and Gratitude and Other Works 1946–1963*. London: The Hogarth Press, pp. 141–175.

Rank, O. (1914 [1971]). *The Double. A Psychoanalytic Study*. London: Karnac.

第一部分

《不可思议之意象》
（1919）

西格蒙德·弗洛伊德（Sigmund Freud）

一

只有在为数不多的情况下，精神分析师才会觉得有必要研究美学的主题，即便人们认为美学不仅仅是关于美的学问，而是与感受的品质有关。他在精神生活的其他层面上工作，其工作与那些被抑制的情感活动没什么关系。这些情感活动的目的受到抑制，并取决于众多的并发因素，通常为美学研究提供了素材。然而，他偶尔也会对这一主题的某些特定领域感兴趣；这些领域之后通常被证明与美学相去甚远，而且在日常工作（standard work）中常被忽视。

"不可思议之意象"就是其中的一个领域。毫无疑问，它属于一切可怖之物——一切引发恐怖、令人毛骨悚然之物；可以肯定的是，该词常会被用得含混不清，因此它往往可与任何可怖之物相合。然而，我们可能期望它包含某些内在品质之意，因而理应用一个专名谓之。我们很想知道这种特殊的品质是什么，它使我们能够在"可怖"的界限内将某些事物归于"不可思议"的范围。

在关于美学的详细论述中，几乎找不到任何关于这个问题的答案。一般来说，美学更愿意关注形体优美、令人瞩目与品质高尚的存在；也会关注人们的积极感受，以及引起积极感觉的环境和事物，而非令人不快和受人排斥之感。我只知道医学心理学文献中有记载过这样的尝试，那是 E. Jentsch❶ 撰写的一篇极富创造力却不甚详尽的论文。但我必须坦言，我并没有非常详细地查阅与找当前的拙作有关的文献，特别是外国文献。正如大家所知，这都是因我们所处的时局❷造成的。因此，我在将论文呈交给读者时并没有做出任何的优先权声明。

在对"不可思议之意象"的研究中，Jentsch 强调了由以下事实所带来的研究上的障碍，即人们在对这种感受性的敏感程度上表现出了明显差异，

---

❶ 参见《论恐怖心理学》(*Zur Psychologie des Unheimlichen*)。

❷ 暗指刚刚结束的欧洲战争。——英译注。

Jentsch 在这一点上是非常正确的。事实上，当前，就连本文的作者也必须承认自身在此方面上表现出的愚钝，因为在这一方面上，可能更需要具有明察秋毫的感知力。他已经很久没有经历过或听说过任何给他带来不可思议之意象的事情了，他必须将自身代入这种感受状态之中，并在开始之前唤起自身能够体验到它的可能性。诚然，我们还是能在美学的很多其他领域中强烈地感觉到这种障碍；不过我们也不必因而担心找不到让大多数人能毫不犹豫识别出不可思议之意象的实例。

从一开始，就有两条路摆在我们面前。要么我们可以找出"不可思议"这个词在其历史演替中被不断赋予的含义；要么我们可以收集所有那些在我们心中引起不可思议印象的人、事、感觉、体验及情境的特征，然后从它们的共同点推断出不可思议的未知本质。我想说的是，这两种方法都会导致同一个结果："不可思议"是一种可怕的感受，它引导我们回到我们过去熟知且一度非常熟悉的事物上。这怎么可能呢？在什么情况下熟悉的东西会变得不可思议和令人恐惧呢？这个问题我将在下文中予以说明。我还要补充一点，我的调查实际上是从收集若干实例开始的，只是在后来才从语言学的研究中得到了确认。

然而，本次，我将沿着相反的路线进行讨论。德语单词 *unheimlich* ❶ * 显然是 *heimlich*、*heimisch* 的反义词，后两个词的含义是"熟悉的"（familiar）、"本土的"（native）、"思乡的"（belonging to the home）。我们常会趋于得出这样的结论，即，"不可思议的"事物之所以令人恐惧，正是因为它不为人所知或熟知。然而，自然不是所有新的和不熟悉的东西都是可怕的，我们不能将它反过来理解。我们只能说，新奇的东西很容易变得骇人且不可思议；有些新事物是令人恐惧的，但绝非所有新事物都是如此。那些新奇且陌生的事物必须被附加其他东西，才能变得不可思议。

总的来说，Jentsch 的研究并没有超出这种不可思议与新奇及陌生之间的关系。他把产生不可思议感受的基本因素归结为理智上的不确定性；

---

❶ 在本文中，uncanny 被用作 *unheimlich* 的英译，字面意思是"丧家的"（unhomely）。——英译注

* 本书中的斜体标识与英文原著保持一致。——译者注

因此，不可思议总是指人摸不清方向的状况。一个人越是能在所处的环境中找着自己的定位，他就越不容易对环境中的客体和事件产生不可思议的印象。

不难看出，这个定义是不完整的，因此我们将尝试突破将 *unheimlich* 与 "不熟悉"（unfamiliar）视为等同的局限。我们首先将转向其他语言。但外语词典并没有告诉我们什么新鲜的东西，也许只是因为我们说的是不同的语言。事实上，我们得出的印象是，在很多语言中都没有一个形容这种特殊的、令人恐惧的东西的词。

我应当向 Theodor Reik 医生表达感激之情，多亏有他，才能有如下的摘录。

拉丁语［摘自《德语—拉丁语词典》(*Deutschlateinisches Wörterbuch*) (K. E. Georges, 1898)］ Ein *unheimlicher* Ort （一个诡异的地方）: locus suspectus; in *unheimlicher* Nachtzeit（在一个诡异的夜晚）: intempesta nocte.

希腊语［摘自《罗斯特古申克尔词典》(*Rost's and Schenki's Lexikons*)］ Xenos（陌生的、外来的）.

英语（摘自 Lucas、Bellows、Flügel 和 Muret-Sanders 等人编纂的词典） uncomfortable（令人不适的），uneasy（心神不宁的），gloomy（幽暗的），dismal（阴沉的），uncanny（怪诞的/不可思议的），ghastly（恐怖的）；(of a house) haunted［（形容房屋）闹鬼的］；(of a man) a repulsive fellow［（形容人）一个令人讨厌的家伙］.

法语［摘自《萨克斯-维拉特词典》(*Sachs-Villatte*)］ inquiétant（令人不安的），sinistre（凶险的），lugubre（阴森的），mal à son aise（感到不自在）.

西班牙语［摘自 Tollhausen（1889）的著作］ sospechoso（可疑的），de mal agüero（不祥的），lugubre（阴森的），siniestro（险恶的）.

意大利人和葡萄牙人似乎只满足于使用一些我们应该描述为遁词的词。在阿拉伯语和希伯来语中，uncanny 与 daemonic（魔鬼般的）、gruesome（令人毛骨悚然的）意思相同。

让我们回到德语。在 Daniel Sanders（1860）的《德语词典》(*Wörterbuch der deutschen Sprache*) 中，我们在 *heimlich* 一词下找到了下列条目（摘录），我将某些词句标为斜体以示强调。

Heimlich，形容词：

Ⅰ. 即 *heimelich*、*heimelig*，属于房子的，不陌生的，熟悉的，驯服的，亲密的，舒适的，家常的等。

（a）（古义）属于房子的或家庭的，或被看作是房子或家庭的所有物（参见拉丁语的 *familiaris*）：*Die Heimlichen*，即"家庭成员"；*Der heimliche Rat*（一个能去倾诉秘密的人）；现在更多表示 *Geheimer Rat*（私人顾问），参见 *Heimlicher*。

（b）形容动物：驯服的，与人类友善的；与"野生的"互为反义词，例如："那些经过训练后变得 *heimlich*（顺从亲人）的野生动物。""如果这些动物幼崽从早期就在人的照顾下长大，它们就会变得相当 *heimlich*（温顺）、友好。"等。

（c）友好的，驯良的，宾至如归的；享受静谧，得到满足，唤起一种平静的欢愉及置身于安室利处的安全之感。"当那些异乡人在你们的家乡砍伐树木时，你们会觉得 *heimlich*（舒服）吗？""她并不觉得和他过于 *heimlich*（亲密）。""打破家中的 *Heimlichkeit*（安宁）。""我不可能轻易找到另一处这般私密又 *heimlich*（宁静）的地方。""四周高墙环绕，十分 *Heinzlichkeit*（隐蔽）。""一位细心的主妇知道怎样用最小的支出营造令人愉悦的 *Heimlichkeit*（*Häuslichkeit*）❶（家庭生活）。""当它静静地 *heimlich*（暗

---

❶ *Haus* = house（房子）；*Häuslichkeit* = domestic life（家庭生活）。——英译注。

自）生长时，宁静的夜晚守护着你的小屋。""安静、可爱且 heimlich（舒适），没有什么地方比这里更适合她休息了。""水波涨落，如梦似幻，亦如摇篮曲般，heimlich（令人心安）。"特别参见 Unheimlich。在斯瓦比亚和瑞士，作者常将该词语作为特殊的三音节词："回到家中，夜晚似乎又是那么让人感到 heimlich（惬意）。""温暖的房间，heimelig（惬意）的午后。""渐渐地，他们之间的关系变得轻松、heimelig（融洽）。""从远方来的……肯定难以 heimelig（宾至如归）[heimatlich（在家）]、freundnachbarlich（亲若比邻）地生活在人群之间。""哨兵在塔楼上吹响了号角，听起来如此heimelig（亲切）。"该词的此类形式应普遍化，以免使其褒义因与第Ⅱ层词义混淆而丧失（参见下文对话）。"Zecks 家族都是 heimlich 的。""Heimlich？你怎么理解 heimlich？""嗯……就像是埋藏于地下的泉水或干枯见底的池塘。人们经过它时，总是觉得水源可能会再次汇聚于此。""哦，我们把它叫作 unheimlich，你们称之为 heimlich。""那么，是什么让你认为这个家庭存在某种秘密且不值得信任呢？"（Gutzkow）

Ⅱ. 隐蔽，不让人看见，使别人不知道，向别人隐瞒，参见 Geheim（秘密）；Heimlichkeit 也可指 Geheimnis（秘密）。heimlich（秘密）行事，例如：藏在某人身后；heimlich（悄悄）溜走；heimlich（秘密）会议和约定；看到别人的狼狈感到 heimlich（窃）喜；heimlich（暗地里）叹息或偷偷抹眼泪；heimlich（悄悄）行动，仿佛是要隐瞒什么事；heimlich（偷）情、不为人知的情事，隐秘的罪恶；heimlich（私密）之处（出于礼节我们必须将之隐藏）。1. "heimlich（私人）空间"（厕所）。2. "陷入大坑或 Heimlichkeit（暗甬）。""将特洛伊木马 heimlich（密报）给 Laomedon。""面对残暴的主人，要 heimlich（守口如瓶）、擅于隐藏，并且决不能心慈手软……而对遭遇不幸的朋友，要开诚布公、同心共情，还要予以帮助。""heimlich（秘）术（巫术）。""heimlich（诡计）阴谋发端于舆论平息之时。""自由是 heimlich（密谋）结党间的窃窃私语与所谓革命者的高声疾呼。""一种神圣、heimlich（隐秘）的效果。""我扎根于最 heimlich（隐秘）之处，生长于厚土之间。""我那 heimlich（秘密的）恶作剧。"[参见 Heimtücke（恶作剧）]发现、揭露和出卖某人的 Heimlichkeiten（秘密）："在我身后 Heimlichkeiten（图谋不轨）。"参见 Geheimnis。

复合词，特别是也有与第Ⅰ层意思相反的含义：Unheimlich，不安，诡异，令人毛骨悚然；"在他看来，这几乎是令人 unheimlich（毛骨悚然），似有'鬼魂作祟'。""我早已感到 unheimlich（诡异不安），甚至是毛骨悚然。""感到 unheimlich（诡异的）恐怖。""unheimlich（诡异的）雾气被称为山雾。""这些面色惨白的青少年们 unheimlich（鬼鬼祟祟），天知道他们在酝酿什么鬼点子！"Schelling 认为："'Unheimlich'是对一切本应被隐藏和视为秘密却暴露出来的事物的称谓。""为神圣之物蒙上面纱，为其笼罩一层 Unheimlichkeit（神秘）。"——Unheimlich 不被经常用作与第Ⅱ层意义相反的含义。

在这段冗长的摘录中，最让我们感兴趣的是，在不同词义间，heimlich 出现了与其反义词 unheimlich 相同的含义。原本 heimlich 的东西由此变得 unheimlich。（参见 Gutzkow 的引文："我们把它叫作 unheimlich，你们称之为 heimlich。"）总体而言，我们注意到，heimlich 这个词的含义并不明确，而是属于两组概念，这两组概念虽不矛盾，但也迥然不同：一方面，它指的是熟悉的、同质性的东西；另一方面，它指的是隐藏的、不为人知的东西。unheimlich 这个词只是习惯性地用来表达 heimlich 第Ⅰ层含义的相反含义，而非第Ⅱ层含义的反义。Sanders 没有告诉我们这两种含义之间是否可能存在一种纽带关系。另一方面，我们注意到 Schelling 对"不可思议"的概念提出了相当新的看法，这是我们没有想到的。按照他的说法，一切本应保持隐秘却暴露于人前的东西都是不可思议的。

如果我们查阅 Grimm 等编著的词典，就会打消我们由此产生的一些疑虑。

Heimlich：形容词、副词，vernaculus（家庭的）、occultus（秘密的）；中古高地德语，heimelich，heimlich。

P.874 在一种略显差别的意义上："我感到 heimlich（私密），我不再害怕……"

（b）*Heimlich*，也指一个没有鬼怪作祟的地方……熟悉的，友好的，亲密的。

4. 从"如家般的""属于家屋的"的概念中，进一步发展出一种淡出别人视野的含义，一种隐蔽的、秘密的东西，此概念在许多方面得到了扩展……

P.876 "在湖的左岸，林中 *heimlich*（藏着）一片空草地。"Schiller 讲述着……诗意的语句，但人们在现代话语中很少这样使用……将它与表达隐蔽行为的动词连用："在他帐幕的隐秘处，他要把我 *heimlich*（藏起来）。"人的私密部位，阴部……"死者的 *heimlich*（私密部位）并未遭受重创。"

（c）在国家事务中提供必须保密的重要建议的官员被称为 *heimlich councillors*（机要大臣）；根据现代用法，这个形容词已被 *geheim*（机密的）取代……"法老将 Joseph 的名字称为'向他透露秘密的人'（*heimlich councillor*）"。

P.878 *Heimlich*，用于形容知识，神秘的，有寓意的：*heimlich meaning*（奥义）、*mysticus*（神秘的）、*divinus*（神圣的）、*occultus*（隐秘的）和 *figuratus*（比喻的）。

P.878 在另一层含义上，*Heimlich* 指不为人知的、潜意识的……也有"晦涩难懂""不得而知"等意……"你没有看见吗？他们不相信我，他们畏惧 Friedland 公爵那张 *heimlich*（面无表情）的脸。"

9. 上一段所表达的隐秘和危险的概念还在进一步发展，因此，*heimlich* 就有了通常被赋予 *unheimlich* 的含义。"有时我觉得自己就像一个在夜间行走的人；因相信鬼魂的存在，所以每个角落对他来说都是 *heimlich*（危险的），他的内心非常恐惧。"（Klinger）

因此，*heimlich* 是一个其含义朝着矛盾的方向发展的词，直到最后与

其反义词 *unheimlich* 相重合。 *unheimlich* 在某种程度上是 *heimlich* 的一个亚种。让我们对这一发现谨记在心，即便我们还尚且不能通过 Schelling 的定义完全了解"不可思议"的含义。如果我们继续对"不可思议之意象"的个别实例进行探索，那么，这些线索将有助于我们对它的理解。

二

在着手研究那些能够以某种强力与确切的形式引起我们不可思议之感的事物、人物、印象、事件以及情景之际，首要条件显然是要找一个适合的案例作为开端。Jentsch 曾将"怀疑一个看似有生命的存在是否真的活着；或者反过来说，怀疑一个没有生命的物体是否实际上是有生命的"作为一个很好的例子。在这一点上，他提到了蜡像、制作逼真的娃娃和机器人带给人们的印象。他把癫痫发作和精神错乱的不可思议的表现也归于此类，因为这些都使观者在其正常的生命表征下，感到还有一种自动、机械的过程在运作着。尽管我们并不完全接受该作者的观点，但我们将把它作为我们调查的开端，因为它引导我们注意到一位在制造不可思议的效果方面无人能及的作者。

Jentsch 写道："在叙述故事时，最成功的手段之一是让读者不确定故事中的某个特定角色是人还是机器人；与此同时，读者们的注意力不会直接集中在这种不确定上，这样他也就不会被引导去搞清楚并立即解决问题。因为正如我们所说，那样会很快驱散事物的特殊情感效果（emotional effect）。E. T. A. Hoffmann 在其奇幻小说中屡次成功地运用了这种心理学技巧。"

这一观点无疑是正确的，它主要是指在 Hoffmann 的《夜想曲》（*Nachtstücken*）中收录的《沙人》的小说，也包括出现在 Offenbach 的歌剧《霍夫曼故事集》（*Tales of Hoffmann*）第一幕里的人偶 Olympia 的原型。但我认为（而且，我希望这本小说的大多数读者会同意我的看法），Olympia 这个人偶看上去是一个活生生的人，但实际上并不是——尽管这一点绝不是这个故事唤起的不可思议的气氛的唯一因素，但也是最重要的因素之一。这种氛围也没有因作者本人以略显讽刺的手法来处理 Olympia 的情节并用它来取笑年轻人将其情妇理想化的事实而得以烘托。相反，故事的主题是不同的东西，它正是命名小说的东西，总是在关键时刻被重新提及，这正是撕掉孩子们眼睛的"沙人"主题。

这篇奇幻小说从学生 Nathaniel 的童年回忆开始，尽管他现在很幸福，却摆脱不了与他挚爱的父亲那神秘和可怕的死亡有关的记忆。在那些夜里，他的母亲常常让孩子们早早上床睡觉，警告他们"沙人要来了"；并且，果不其然，Nathaniel 确实会听到一段沉重的脚步声，而当晚他的父亲正和他在一起。当被问及"沙人"时，他的母亲又着实否认有这样一个人的存在，只不过是称其为一种比喻性的说法。但他的保姆可以给他更确切的信息："那是一个邪恶的人，当孩子们不愿意上床睡觉的时候，他就会来，往孩子们的眼睛里撒几把沙子，孩子们的眼睛就从脑袋上鲜血直流地迸溅出来。然后他把眼睛装在袋子里，带到月亮上喂给他的孩子们吃。他的孩子们端坐在自己的巢穴中，他们的嘴像猫头鹰的喙一样状如尖钩，专用来啄食顽皮少男少女们的眼睛。"

年幼的 Nathaniel 很是聪慧，而且已经长大，不会相信"沙人"有如此可怕的相貌，但对"沙人"的恐惧却在他心中保存下来。他决心要对"沙人"的面貌一探真相。一天夜里，他再一次预感到了"沙人"的出现，他藏在父亲的书房里。随后，他认出了来者是 Coppelius 律师，一个令人厌恶的家伙，当他偶尔来吃饭的时候，孩子们都很害怕他；现在他把 Coppelius 与可怕的"沙人"联系在了一起。至于这幕情景中的其他事物，Hoffmann 无疑已让我们陷入了这样的一种怀疑之中：我们是在目睹这个惊慌失措的男孩的初次谵妄，还是在故事中被视为真实的一连串事件？他的父亲与这位客人开始在一个燃烧着的炉灶前操作起来。这名小小的偷听者在听到 Coppelius 叫道"把你的眼睛放到这！"后大声尖叫起来，于是暴露了行径。Coppelius 捉住他，在 Coppelius 就要将一把烧得又红又热的煤渣撒进他的眼睛里，并准备将他抛向炉台之际，他的父亲央求 Coppelius 让他离开，这才保全了他的眼睛。后来，男孩陷入深度昏迷中；在此次经历之后，他又经历了一场大病。那些倾向于对"沙人"进行理性解释的人将无不认识到，在这个孩子的幻想中，其保姆的话一直影响着他。被撒进孩子眼里的沙粒变成了熊熊火焰中的煤渣，不论哪一种情况都将导致他的眼睛因迸溅而失明。一年后，"沙人"再次到来，而他父亲在书房的爆炸中殒命，Coppelius 律师也从此人间蒸发。

如今已经成为学生的 Nathaniel，在一名巡游的配镜师身上认出了其童年时期的那个恐怖幽灵。配镜师是一个名叫 Giuseppe Coppola 的意大利人，他正在大学城里向学生叫卖晴雨表。当 Nathaniel 摆手拒绝时，那人却继续叫卖道："呃，不是晴雨表，不是晴雨表——也有好眼睛，漂亮的眼睛。"当最终发现他售卖的只是无害的眼镜时，这名学生的恐惧才逐渐减轻，于是，他从 Coppola 那里买了一架袖珍望远镜。借助望远镜，他可以眺望到对面 Spalanzani 教授的房子，并在那里窥见了 Spalanzani 美丽的女儿 Olympia，她奇怪地沉默着，身子一动不动。他很快就疯狂地爱上了她，爱意如此热烈，以至于他完全忘记了那位已经同他订婚了的聪明伶俐的姑娘。而 Olympia 只是一个机械人偶，是 Spalanzani 制作的，她的眼睛则是由沙人 Coppola 装上去的。这个学生惊讶地发现这两个人在为他们的作品争吵不休。配镜师抱起了失去眼睛的人偶准备离开；机械师 Spalanzani 从地上捡起 Olympia 流血的眼球，扔到 Nathaniel 胸前，说这双眼睛是 Coppola 从他（Nathaniel）那里偷走的。Nathaniel 再次陷入了疯癫状态之中，在其谵妄中，他对父亲之死的回忆与此次经历混在了一起。他呼喊着："快……快……快……火环……火环！旋转吧，火环……转啊转！木偶，嗬！亲爱的木偶，快旋转起来吧……"然后，他一把扑向教授——Olympia 的"父亲"，并试图掐死他。Nathaniel 从一场大病之中恢复过来后，他总算痊愈了。他准备和与他重归旧好的未婚妻结婚。一天，他走过城镇和市场，市政厅的高塔在那里投下了巨大的阴影。在未婚妻的建议下，他们登上了塔楼，而把她同往的哥哥留在了塔下。在塔楼上，Clara（未婚妻）的注意力被沿街走来的一个奇怪之物所吸引。Nathaniel 从口袋里掏出了 Coppola 的望远镜，看向那个东西，不料他又一次疾病发作，大嚷道："旋转起来吧，我的木偶！"并试图将未婚妻推下塔楼。哥哥听到了她的呼喊声后赶忙回到她身边，将她有惊无险地带到塔下。而塔上疯癫发作的 Nathaniel 冲了过来，尖叫道："火环，旋转起来！"——我们知道这些话是从何而来的。在楼下开始渐渐聚集的人群中，倏忽出现了 Coppelius 律师的身影，他是突然回来的。我们可以推测，正是通过望远镜发现了他的靠近才引发了 Nathaniel 的疯癫症状。人们想上去制止这个疯子，但 Coppelius❶ 笑着说："等一下，他自己会下来的。" Nathaniel 忽然站住了，看着 Coppelius，狂叫一声"好！'完美的眼睛——漂亮的眼睛'"，就从栏杆上跳了下去。当他的尸体出现在铺路石上时，已经摔得头破血流了，这时，"沙人"则消失于人群之中。

我认为，这篇简要的梗概毫无疑问地表明了，不可思议的感觉是直接与"沙人"的形象联系在一起的，也就是与"被夺走眼睛"的想法联系在一起的；而 Jentsch 关于"理智的不确定性"的观点却与这种（不可思议的）效果无关。我们必须承认，一个客体是有生命还是无生命的这种不确定性是与机械人偶 Olympia 有关的，但不可思议之意象的另一更为显著的实例却与这种不确定性毫无关系。诚然，作者在一开始就为我们制造了一种不确定性，他没有让我们知道（无疑这是有意而为之的），他到底是在带我们进入真实的世界还是进入他自己创造的一个纯粹的幻想世界——对此，他被承认有权这样做；如果他将剧情安排在一个充斥着灵魂、恶魔和鬼魂的世界里，就像 Shakespeare 在《哈姆雷特》(*Hamlet*)、《麦克白》(*Macbeth*)，或在另一种意义上，像在《暴风雨》(*The Tempest*) 和《仲夏夜之梦》(*A Midsummer-Night's Dream*) 中所叙述的那样，那我们就必须服从其决定，只要我们听从他的安排，就必须把他的环境当成真实的。但这种不确定性在 Hoffmann 的故事中消失了，我们意识到，他旨在让我们也通过 Coppola 的眼镜来观察——也许，确实如此，他本人也曾用过这样的工具观察，因为故事的结尾很清楚地表明，配镜师 Coppola 实际上就是 Coppelius 律师，即"沙人"。

因此，不存在任何"理智上的不确定性"的问题；我们现在知道，我们不应该是在看一个由精神失常者的想象力创造出来的产物，而我们应以理性思维的优势，清楚地洞悉背后的真相；但是，这样的认识却丝毫不能减轻这

---

❶ Rank 博士指出，这个名字与 Coppella（坩埚）有关，与导致父亲死亡的化学试验有关，也与 coppo（眼窝）有关。

种不可思议的印象。因此,"理智上的不确定性"的观点也就不能解释这种印象。

然而,我们从精神分析的经验中得知,对损坏或失去眼睛的恐惧在幼儿阶段(childhood)是非常可怕的。很多成年人至今仍然保留他们对这方面的忧虑,没什么身体伤害能像眼睛受伤一样让他们如此惧怕了。就像我们习惯说的,我们要像珍惜眼睛一样珍惜身边的物品。对梦境、幻觉和神话的研究告诉我们,与眼睛和失明有关的病态焦虑,往往足以替代对被阉割的恐惧。罪犯 Oedipus 自剜双眼的行为仅仅是阉割惩罚(the punishment of castration)的一种缓和形式——这是唯一适用于他的惩罚形式。我们可以尝试在理性主义上拒绝接受"对眼睛的忧虑源自对阉割的恐惧",而且可以认为,像眼睛这样珍贵的器官应引发我们同等程度的恐惧。实际上,我们可以进一步认为,除了这类合理的恐惧之外,人们对阉割的恐惧本身并不包含其他含义或更深的秘密。但这一观点并不能充分解释眼睛和男性器官(male member)之间的替代关系,这种关系在梦境、神话和幻觉中都是存在的;也不能消除人们的印象,即正是面对被阉割的威胁激发出了一种特别的暴力取向和暧昧的情绪,而且这种情绪恰恰首先给失去其他器官的想法带上了强烈的恐惧感。当我们从神经症患者的分析中得知更多关于他们的"阉割情结"的细节,并认识到这种情结在他们的精神生活中的重要意义时,所有进一步的疑虑都会被消除。

此外,我不建议任何精神分析观点的反对者选择"沙人"的故事来作为其案例,即认为关于眼睛的病态焦虑与阉割情结无关。为什么 Hoffmann 会把关于眼睛的焦虑与父亲的死亡联系得如此紧密呢?另外,为什么"沙人"每一次都是作为爱情的干扰者而出现呢?他把不幸的 Nathaniel 和他的未婚妻以及他最好的朋友——未婚妻的哥哥分开;"沙人"破坏了其第二个恋爱对象——心爱的机械人偶 Olympia;在驱使他挽回 Clara 并在即将与她幸福地结合的时刻,迫使他自杀。如果我们否认关于眼睛的忧虑与阉割之间的所有联系,故事中的这些事情以及更多其他的事情就显得武断而无意;而一旦我们将"沙人"替换成行使阉割权力而令人生畏的父亲时,这些事情就变得

可以理解了。❶

因此，我们不妨大胆地把"沙人"的不可思议的效果归结为儿童对其阉割情结的恐惧。但是，我们已经认识到，我们可以用这种婴儿期的因素来解释不可思议的感觉，这便促使我们思考是否可以将它应用于其他不可思议的案例中。我们在"沙人"的故事中发现了 Jentsch 所强调的另一个主题，即一个栩栩如生的机械人偶。Jentsch 认为，我们用理智无法确定一个客体是否有生命，与此同时，一个没有生命的客体变得太像一个有生命的客体，就会创造一种有利于唤起不可思议的感觉的条件。现在，人偶恰好与婴儿期的生活密切相关。我们记得，在早期的游戏中，孩子们根本不会明确区分活物和非活物，而且，孩子们特别喜欢将他们的玩偶视作是有生命的。事实上，我偶然间听到一个女病人说过，即便在她八岁的时候，她仍然相信，如果能

---

❶ 事实上，Hoffmann 对其素材进行的充满想象力的处理，并没有因对其中的因素造成太大破坏，而让我们无法重建它们最初的安排。在 Nathaniel 童年的故事中，他的父亲和 Coppelius 的形象代表着两个对立面，父亲的意象被孩子的矛盾情绪分割成了两个对立面：一个威胁要弄瞎他，也就是要阉割他；而另一个则是慈爱父亲的形象，并为（保护）他的眼睛（向歹人）说情。这种情结中被压抑得最强烈的部分，即对（坏）父亲死亡的愿望，在好父亲的死亡中得到了体现，而 Coppelius 也应对此负责。后来，在他上学后，Spalanzani 教授和配镜师 Coppola 重现了其父亲的意象的这种双重表现（double representation），这名教授就是其父亲的意象中的一部分，Coppola 则被认作是 Coppelius 律师的替身。如同以前他们在炉灶前一起工作一样，现在他们又共同创造了叫作 Olympia 的机械人偶；这名教授甚至被称为 Olympia 的父亲。这重现的共同工作经历表明，配镜师与机械师也是父亲的意象的组成部分，也就是说，两人都是 Nathaniel 的父亲，也即 Olympia 的父亲。我应该补充的是，在童年的恐怖场景中，Coppelius 在放过 Nathaniel 的眼睛后，却拧下了他的胳膊和腿进行实验；也就是说，他在 Nathaniel 身上做实验，就像机械师在人偶身上做实验一样。这个在描述"沙人"的场面时不太协调的奇异特征，引入了一个新的"阉割"等价物，同时强调了 Coppelius 及其后来的同行——机械师 Spalanzani 的身份，并帮助我们理解 Olympia 的身份。她，这个机械人偶，无非就是 Nathaniel 在婴儿时期感到父亲对女性的态度的实体化。Spalanzani 和 Coppola 是她的父亲，正如我们所知，他们是 Nathaniel 原来那"两位"父亲的化身转世。如今，Spalanzani 的说法只能被理解为：配镜师偷了 Nathaniel 的眼睛，是为了通过将它们（Nathaniel 的眼睛）移植给 Olympia——这向读者证明 Olympia 与 Nathaniel 具有同一性。Olympia 是被 Nathaniel 分离出的一个情结，它通过人形面对他，而 Nathaniel 受到了该情结的奴役，表现为他对 Olympia 毫无意义但极度痴迷的爱。我们可以公正地称这种爱为自恋，并且可以理解为什么此类受害者会放弃其外部现实的真爱。在这种情况下，出于阉割情结，这名年轻人被拴在其父亲身上，而没有能力去爱一个女人。这种心理学上的真实性经由很多对患者的分析而得以充分证明，这些患者的故事虽然没有那么奇幻，但其悲剧性却几乎不亚于这名叫作 Nathaniel 的学生。

Hoffmann 就是这样一名在父母不幸福的婚姻中长大的孩子。在他三岁的时候，父亲离开了他的小家庭，之后再也没跟他们团聚过。Grisebach 在为 Hoffmann 所作的传记性介绍中说，对这位作家而言，"与父亲的关系"始终是一个最为敏感的话题。

以一种特别的、极其专注的方式看她的娃娃，她的娃娃就一定会活过来。因此，在这里也不难发现这样一个源自童年的因素。但奇怪的是，虽然"沙人"的故事涉及儿童早期恐惧的激发，但"活人偶"的观念却根本没有激发他们的恐惧，儿童对他们的人偶的复活没有感到恐惧，甚至可能渴望它复活。因此，在这种情况下，对不可思议的事物的感觉并非源自婴儿期的恐惧，而是源自婴儿期的愿望，甚至只是婴儿期的信仰。然而这里似乎存在一个矛盾，也许只是一种复杂化，其之后可能会对我们有所帮助。

Hoffmann 在文学史上创造"不可思议"的能力无人能及。其《魔鬼的万灵药》涵盖了大量的主题，尽管人们很想把其所叙述的种种不可思议的效果归因于这些主题，但这篇故事太过于晦涩难懂，因此不敢妄下结论。在该书的结尾处，读者才恍然大悟，直到行动过后，才真相大白。在结局中，读者最终并没有得到启示，而是陷入了全然的迷惑之中。由于作者堆积了太多类型的主题，即便它给人留下的印象并不深刻，读者对整体的理解仍受到了干扰。我们必须满足于选择出那些最典型的不可思议之主题，满足于搞清楚它们是否同样可以被追溯到婴儿时期的源头。这些主题都与不同形式和程度的"双重自我"的观念有关。因此，我们有时候看到一些人长得很像，就会认为他们是同一个人。Hoffmann 通过把精神过程从一个人身上转移到另一个人身上——我们应该称之为心灵感应——来强调这种关系，这样一个人就拥有了与另一个人共同的知识、感觉和经验，把自己与另一个人联系起来，但他的自我却变得混乱起来，或者说，外来的自我取代了他本身的自我，换言之，自我存在某种双重性、分裂性和互换性。最后，类似情况不断地重复，同样的面孔、性格特征、命运的转折、罪行，甚至是同一个名字在连续几代中反复出现。Otto Rank 对"双重自我" ❶ 这一主题进行了非常彻底的研究。他研究了"双重自我"与镜像、影子、守护神、对灵魂的信仰和对死亡的恐惧之间的联系。但他也让我们看到了这一概念惊人的变化。因为"双重自我"最初是抵御自我毁灭的一种保护措施。正如 Rank 所说的，它是"对死亡力量的有力否定"。而"不朽的"灵魂可能是身体的第一个"双重自我"。创造这种双重性是为了防止毁灭，在梦的语言中也有其对应的内

---

❶ *Der Doppelgänger.*

容。梦的语言中倾向于用生殖器象征的倍增或多倍化来表示阉割。同样的愿望也刺激了古埃及人发展用某种耐腐材料制作逝者形象的工艺。然而，这种观念从无限自爱的土壤中萌发，是从在儿童和原始人的头脑中占据主导地位的初级自恋（primary narcissism）中产生出来的。当越过这一阶段后，"双重自我"就多了一个不同的方面。它从不朽的保护措施转化为对死亡的可怕预兆。

"双重自我"的概念不一定随着初级自恋的消失而一并消失，这是因为它可以从自我发展的后期阶段获得新的意义。在此阶段中会形成一种特殊的官能（faculty），且它逐渐能够与自我的其他部分相对立，具有观察和批评自我的功能，还可以在头脑中行使审查权，这就是我们所意识到的"良心"（conscience）。在受到监视的妄想型病理案例中，医生可以辨别出，这种心理官能变得孤立，并与自我分离。这种官能的存在，能够把自我的其余部分当作客体来看待，即我们能够自我观察，这使我们有可能为"双重自我"的旧有观念赋予新的意义，并把很多事情都归于它，尤其是那些我们通过自我批评的新官能，认为是属于早年被克服的原始自恋（old surmounted narcissism）的事情❶。

但是，可能被纳入"双重自我"概念中的不只有这种自恋，即对自我批评的攻击；还有所有那些虽未实现，但我们仍然倾向于在幻想中坚持认为有可能出现的未来，所有那些被不利的外部环境压垮的自我努力，以及所有被压抑的意志行为，它们在我们心中滋生了"自由意志"（Free Will）的幻影❷。

然而，在考虑了"双重自我"这一形象的明显动机之后，我们不得不承

---

❶ 我不禁想到，当诗人抱怨着"人们的胸中住着两个灵魂"时，当主流心理学家谈到个人的自我分裂（the splitting of the ego）时，他们讨论的是批评的官能和自我的其他部分之间的这种分裂（这与自我心理学的领域有关），而不是精神分析所发现的自我和潜意识以及被压抑物之间的对立。诚然，这种区别在某种程度上被这样一种情况所抹杀，即被压抑物的衍生物，是自我批评的官能首先要排斥的东西。

❷ 在 Ewers 的《布拉格的大学生》（*Der Student von Prag*）（该书为 Rank 关于"双重自我"的研究提供了开端）中，主人公答应其爱人在决斗中不会杀掉他的对手。但在他去决斗场的路上，他遇到了他的"双重自我"，后者已经杀死了他的对手。

认，这些都不能帮助我们理解遍布于这一概念中的异常强烈的不可思议之感。我们对病态心理过程的了解使我们作出如下补充：没有任何东西能够解释，为什么自我保护的冲动会导致自我将其视作某种异己的东西而将其投射到外部。不可思议的本质只能源于"双重自我"的情况中，它是一个可以追溯到非常早期心理阶段的创造物，并早已被抛之脑后，而且在这个阶段，"双重自我"毫无疑问穿着一件更友好的外衣，并已变成了恐怖的事物，正如诸神在信仰崩塌后生出了恶魔的相貌❶。

与其"双重自我"主题相同，我们也不难判断出 Hoffmann 所使用的其他形式的"自我紊乱"（disturbance in the ego），它们是对"利己情感"（self-regarding feeling）在演变过程中特定阶段的回溯，是退行到自我还没有鲜明地与外部世界和他人划分开来的时候。我认为，这些因素是造成不可思议之意象的部分原因，尽管它们可以在多大比例上引发不可思议的意象是不易准确细分（isolate）和确定的。也许"相同的情境、事物及事件的重复出现"这一因素作为不可思议之意象的来源，不会引发所有人的共鸣。根据我的观察，这种现象无疑在某些条件下，并与某些情况相结合时，才会唤起一种不可思议的感觉，这让我们想起有时在梦中经历的无助感。一次，在一个炎热的夏日午后，当我在意大利某一偏僻省城的冷清街道上行走时，我发现自己身处一个就其（环境）特征看来不能久留之地。整条街道上随处可见一些现身小屋窗前的浓妆艳抹的小姐，我赶忙在下一个转弯处离开了这条窄巷。但因无人指引，我徘徊了一会儿后，突然发现自己又回到了同一条街上，而我的出现已经开始引起了她们的注意。我再次匆匆离开，但这只不过是为第三次步入同样的街巷而又兜的一个圈子而已。然而，不论如何，一种只能用不可思议来形容的感觉笼罩了我，我很庆幸的是最终我回到了不久前离开的广场，而不再进行"探路"。与我的奇遇有共同之处（不由自主地回到与原先相同的情境中），而在其他方面与之截然不同的其他情境，也引发了同样的无助感和某种不可思议的东西。例如，一个人在高海拔地区的森林中因受到雾气的影响而迷路，尽管识别到某些具有相同特征的地标，他也会一遍遍地回到同一个地方。又或者，一个人身陷黑暗又陌生的房间，摸索房

---

❶ 参见 Heine 的《流亡中的诸神》（*Die Götter im Exil*）。

门或电闸（以确认位置），也有可能一次次地撞到同一件家具上——事实上，这种情况被 Mark Twain 通过夸张手法变成了令人忍俊不禁的喜剧效果。

如果我们以其他种类的事物为例，我们也能很容易发现，只有"不自觉的重复"这一因素，为原本可能相当无辜的事物披上了一种不可思议的氛围，而当我们原本认为只不过是"偶然"或"意外"的时候，这一因素又将某种冥冥之中、命中注定的东西带到了我们的信念中。例如，当我们寄存一件大衣而换得一张编号为"62"的衣帽间小票时，或者当我们在轮船上发现我们的客舱编号是"62"时，我们当然不会对这一事件给予多少重视。然而，如果这样的两件事——每件事本身并不重要——接连发生时，假如我们仅在一天之内就多次遇到"62"这个数字，或者我们开始注意到所有有数字的东西——地址、旅馆门牌号、火车车厢号——都总是无一例外地显示出相同数字，或至少包含了相同数字的时候，我们一定觉得这件事很不可思议，并且，除非一个人绝对坚定并对迷信的魅力无动于衷，否则他就会倾向于对这种顽固地重复出现的数字赋予一种神秘的意义。也许，他会认为这是上天分配给他的生命大限。诸如此类的例子还有，一个人正在阅读著名生理学家 Hering 的著作，而在这段时间里，他接连收到两封来自不同国家的信件，每一封信上的落款都署名为 Hering，但此人却不曾与他们打过交道。不久前，一位聪明的科学家试图将这种巧合归结为某些规律，以便去除其不可思议的效果❶。我不愿冒昧评判他到底是否取得了成功。

至于我们如何准确地将这种"反复重现"的不可思议的效果追溯到幼儿期心理上，在本文中，我只能泛泛而谈。然而我必须向读者推荐另一部已经出版的作品❷，其中对这个问题进行了详细的阐述，只不过是在不同的维度上讨论的。必须解释的是，我们能够推断出潜意识（unconscious mind）中存在某种"强迫性重复"在起主导作用，它基于本能活动，而且还有可能作为本能的内在本质而存在。这种"强迫性重复"强大到足以推翻快乐原则（pleasure-principle），使心中的某些方面带有恶魔的特征，并且仍然清晰地

---

❶ 参见 Paul Kammerer（1919）的《系列法则》（*Das Gesetz der Serie*）。
❷ 《超越快乐原则》——英译注。

表现在那些幼儿冲动（the tendencies of small children）之中。这种"强迫性"也可对神经症患者分析的部分过程进行解释。总的来说，上述内容使我们对以下发现做好了准备，即任何让我们联想到这种内在"强迫性重复"的东西，都会被认为是不可思议的。

然而，我们现在是时候抛开那些在任何情况下都难以判断的方面，转而去寻找有关"不可思议"的不可否认的实例了。我们希望对这些实例的分析能够帮助我们判断我们的假设是否成立。在《波利克拉特的指环》（*The Ring of Polycrates*）的故事中，宾客（埃及法老）惊恐地与他的朋友（Polycrates）分道扬镳了，因为他看到他的朋友许下的每一个愿望都立即实现了，而且一切其所担心之事无不被仁慈的命运所化解。他（埃及法老）的这位东道主朋友对他来说是"不可思议的"。他对离开的解释是：这个人（Polycrates）太受幸运（之神）的眷属，而这是要遭到上天的嫉羡的。至于这段解释，我们似乎不太明白，而其中的深意也蕴藏在神话的语言之中。鉴于此，我们将转向另一个不那么夸张的例子。在一位强迫症患者的病例中❶，我曾描述过这个患者曾在一次水疗院的治疗中受益。然而，他很明智地认为，他本身的改善不是因为水疗的效果，而是因为其病房在一位非常友好的护士的房间旁边。鉴于此，在他第二次进入水疗院时，他要求入住之前的房间，但被告知原来那间房间正被一位老者使用，于是他大发雷霆，说道："好吧，我希望他中风而死。"两周后，那位老者果真患了中风。我的患者认为这是一次"不可思议的"经历。如果他说出的那句话和老者中风事件之间相隔的时间更短，或如果他能够经历无数类似的巧合，那么这种不可思议的印象会更加强烈。事实上，制造此种巧合对他而言是并不困难的，不仅是他，我观察过的所有强迫症患者都能举出类似的经历。他们不会惊讶于为何他们总是会偶遇自己刚刚想到的某个人，即便那或许是他们在数月后的第一次相见。如果他们有一天说"我已经很久没有某人的消息了"，那么，他们肯定会在第二天早上收到这个人的消息。事故或死亡很难不会在他们的脑海中留下阴影。他们习惯于用一种最为平淡的方式提到这种状况，即他们

---

❶ 参见 Freud 的《三个案例》（*Three Case Histories*）中的《强迫官能症案例摘录》（Notes upon a Case of Obessional Neurosis）。

有"预感",这些事情"通常"会变成现实。

最不可思议和最广为人知的迷信形式之一是对"邪恶之眼"(the evil eye)的恐惧❶。至于这种恐惧的来源,似乎从来没有任何疑问。谁拥有宝贵又脆弱的东西,谁就会害怕别人的嫉羡,以至于他们会把经过换位思考后得出的这种嫉羡投射到别人身上。像这样的感觉,即使不用语言表达出来,也会在眼神中不经意地流露出来。当一个人以明显或并不出众的特质吸引到别人的注意时,别人就会相信他的嫉羡已经上升到了非同寻常的程度,而这种程度将它转化为有效的行动。因此,人们所担心的是一种伤害他人的秘密意图,而某些迹象则意味着这种意图能够转化为行为。

上述这些不可思议的实例都涉及我称之为"全能妄想"的心理原则,该说法源自我的一个患者所使用的表达方式。现在,我们发现自己置身于熟悉的位置。我们对不可思议之意象的分析使我们回到了古老的、泛灵论的宇宙观,其特点是认为世界上充满了人类的灵魂,以及主体对其主观精神过程的自恋式高估〔如对"全能妄想"的信仰与基于此信仰的巫术活动,以及把按照比例层层划分的巫术力量或"魔力"(mana)赋予外界形形色色的人和物〕;还有那些处于无限自恋发展阶段中的人们,为抵抗现实中的无情法则而构想出其他理想产物。我们每个人都似乎经历过与原始人的泛灵论阶段相对应的个人发展阶段,我们每个人在跨越这个阶段时都保留了某些可以重新被激活的残留物和痕迹,而现在让我们感到"不可思议"的一切都满足了"激起我们体内泛灵论精神活动残余并使之得以呈现"的条件❷。

我们现在有两个方面需要考虑,我认为它们包含了本篇简短研究的重点。首先,如果精神分析理论是正确的,即认为无论是哪种情感,都会因被压抑而转变为病态的焦虑,那么,在这些实例中,一定有一种焦虑状态可以

---

❶ 德国汉堡眼科医生 Seligmann(1910)在他的《邪恶之眼及其相关研究》(Der böse Blick und Verwandtes)中对这种迷信进行了深入研究。

❷ 参阅本人的《图腾与禁忌》(Totem und Tabu)中第三部分:"泛灵论、巫术与思维全能"(Animismus, Magie und Allmacht der Gedanken);及同一本书第7页的脚注:"通常,在我们抵达了可以根据我们的'判断'而抛弃此类信念的阶段之后,我们便似乎会把某种'怪怖'的属性归于那些试图确认'全能妄想'与'泛灵论式思维模式'的想法。"

被证明是源自某种压抑物的反复重现的。这种病态焦虑继而成为不可思议的意象,而至于它能否引起原始恐惧或造成其他影响则是无关紧要的了。其次,如果这确实是"不可思议"的隐秘特性,我们就能理解为什么在语言的惯用法中将 *Heimliche* 扩展为 *Unheimliche* 了,因为这种"不可思议之意象"实际上不是什么新的东西或舶来品,而是为我们的头脑所熟悉的古老之物,只是在压抑的过程中被我们疏远了而已。参照压抑的因素,我们能够进一步理解 Schelling 对"不可思议之意象"的定义,即它本应被隐藏,但又暴露了出来。

现在,我们只需在一两个"不可思议之意象"的新例中检验一下我们的新假说。

很多人都对死亡和尸体、死者的回归、精神和鬼魂的相关方面有着强烈的感受。正如我们所看到的,今天人们使用的很多语言只能将德语的"一栋 *unheimliches*(不可思议的)房子"表述为"一栋 haunted(闹鬼的)房子"。我们确实可以用这个也许是最引人注目的有关"不可思议"的例子来展开我们的研究,但我们并没有这样做,因为其中的"不可思议"与纯粹令人毛骨悚然的东西混淆了,其部分含义从而被掩盖了。然而,除了我们与死亡之间的关系之外,几乎没有什么其他事物能够让我们的思维和情感如此亘古不变,而且其被抛弃的形式还能在略微伪装之下得以完全保留。有两件事可以解释我们的保守主义:我们对死亡的原始情感反应的强度与对有关死亡的科学知识的欠缺有关。生物学尚且不能断言死亡是不是所有生命体不可避免的命数,或者死亡是否只是生命中的一个有规律的但也许可以避免的事件。诚然,"人终有一死"在逻辑学教科书中被当作普遍性命题。但没有一个人能真正领会这句话,不论是现在还是过去的任何时候,我们的潜意识都无须加强"其自身必死无疑"的重要性。而有关"我们每个人的死亡"这一不可否认的事实,宗教中仍在争论不休,宗教还有对人死后生活图景的推测;公民政府也依旧认为,如果他们不赞同将来世更好的生活图景作为对尘世生活的补偿,他们就无法维持生者的道德秩序。在我们的城市里,宣传标语都在告诉我们如何与亡魂接触。不可否认的是,我们的科学工作者中有很多颇具才干和洞察能力的人——特别是当他们已处于风烛残年之际——已然得出了以下结论：这种接触并非完全不可能。由于几乎所有人在这个问题上仍然会像原始人那样思考，因此，对死者的原始恐惧仍然剧烈牵动着我们的内心，并随时准备一激即发。最有可能的是，我们的恐惧仍然包含着这样一种古老的信念，即死者会成为幸存者的敌人，并试图把他们带走，与其共度新生。考虑到我们对死亡的这种一成不变的态度，我们可能会怀疑压抑物——作为使原始感受以不可思议事物的形式重新出现的必要条件——变成了什么。然而，压抑物也在那里。几乎所有受过教育的人都不会相信，至少是不会确信，死者可以以灵魂的形式现身，但他们却通过一些匪夷所思且避而远之的方式来躲避亡魂的现身；他们对死者的情感态度曾一度含糊矛盾，而如今在较高的精神层次上却缓和成了一种单纯的敬畏感❶。

我们现在只需要再补充几句，因为"泛灵论"、魔法和巫术、全能妄想、人对死亡的态度、不由自主的重复和阉割情结，实际上包含了所有将可怕的事物变得不可思议的因素。

我们在怀疑某人居心不良时，通常也把这个活人称作是不可思议的。但这还不是全部，我们不但把伤人的意图归于他，而且把借助特殊力量实现其意图的能力也归于他。这方面的一个很好的例子是罗马迷信故事中令人害怕的人物 Gettatore。Schaeffer 凭借其直觉的诗意感觉和深厚的精神分析知识，在《约瑟夫·蒙特福特》（*Josef Montfort*）的故事中将其变成了一个令人同情的角色。但有关这些神秘力量的问题使我们再次回到了"泛灵论"。正是凭借其直觉，即相信他（Mephistopheles）拥有这种秘密力量，虔诚的 Gretchen 才对 Mephistopheles 感到如此不可思议。"她认为我肯定就是神灵本尊*，甚至可能是个魔鬼。"❷

癫痫和精神失常在不可思议的效果上有着相同的起源。普通人通过这两种现象看到了迄今为止在他的同胞身上未被发现的力量的作用，但同时他也在自身的一个偏僻的角落里模糊地意识到了这些力量。在中世纪，人们相当

---

❶ 参见《图腾与禁忌》中的"禁忌和双重性的感情冲动"（Das Tabu und die Ambivalenz）。

* 此处疑为英译版错误，德语原文为 "*Sie fühlt dass ich ganz sicher ein Geini*"（她觉得我现在必定是个天才）。——译者注。

❷ "*Sie ahnt, dass ich ganz sicher em Genie, Vielleicht sogar der Teufel bin.*"

一致地将所有这些疾病归咎于恶魔作祟，在这一点上，他们的心理并没有太大差别。事实上，我不应感到惊讶的是，精神分析关注的正是揭示这些隐藏的力量，因此，精神分析本身对很多人来说已变得不可思议了。在一个案例中，我在成功地——尽管不是立即地——治愈了一个常年病弱的女孩后，曾听到患者的母亲在女孩康复了很久之后表达过同样的态度。

断开的残肢、被砍下的头颅、被切断的手❶、自己跳舞的脚❷——所有这些都有一些特别的不可思议之处，特别是在最后一个例子中，它们被证明能够自行移动。正如我们所知的，这种不可思议都源自其与阉割情结的联系。对很多人而言，"因表现出死亡之状而惨遭活埋"这件事是所有事情中最不可思议的。然而，精神分析已经告诉我们，这种可怕的幻想只是由其他幻想转化而来的，它们起初并不可怕，后来充斥着某种淫欲快感（lustful pleasure）——我是说，一种有关在子宫内生活的幻想。

※　　※　　※　　※　　※

关于普遍应用，我还想补充一点，尽管严格地说，这一点已经包含在前面已经讨论过的泛灵论和精神装置的工作方式中。因为我认为它值得特别强调。当想象和现实之间的区别被消除时，例如当我们迄今为止认为是想象的东西在现实中出现在我们面前时，或者当一个符号接管了它所象征的事物的全部功能时，等等，一种不可思议的效果经常而且容易产生。正是这个因素在很大程度上促成了魔法实践的神秘效果。其中的幼稚因素也支配着神经症患者的思想，即与物质现实相比，过度强调心理现实——这一特征与对全能妄想的信念密切相关。在战争期间的隔离中，我得到了几本英国《海滨杂志》（*Strand Magazine*）；我还读到一个故事，说的是一对年轻夫妇搬进了一所家具齐全的房子，房子里有一张形状奇特的桌子，上面雕刻着鳄鱼。傍晚时分，一种难以忍受的特殊气味开始弥漫整个房子；他们在黑暗中被什么东西绊倒；他们似乎看到了一个模糊的身影在楼梯上滑行——简而言之，我们被赋予的理解是桌子的存在导致了幽灵般的鳄鱼出没在这个地方，或者木

---

❶ 参见 Hauff 所写的童话。
❷ 见上文提到的 Schaeffer 的著作。

头怪物在黑暗中活了过来，或者类似的东西。这是个足够天真的故事，但它所产生的不可思议的感觉却相当显著。

在结束这个肯定不完整的例子时，我将讲述一个来自精神分析经验的例子：如果它不只是基于单纯的巧合，它就为我们的不可思议的理论提供了一个美丽的实证。经常发生的情况是，男患者宣称，他觉得女性生殖器官有一些不可思议的地方。然而，这个不可思议的地方是通往所有人类以前的 *Heim*（家）的入口，是我们每个人曾经和最初生活的地方。有句玩笑话说"爱是思乡病"，每当一个人梦见一个地方或一个国家，并在梦中对自己说"这个地方对我来说很熟悉，我以前来过这里"时，我们可以把这个地方解释为他母亲的生殖器或她的身体。那么，在这种情况下，*unheimlich* 也是曾经的 *heimisch*，即熟悉的东西；前缀"un"是压抑的象征。

三

跟随思路一直讨论至此，读者们心中对上文内容多少会产生疑问；而他们现在必定已经借机收集了疑问并将其提出来。

也许果真如此，不可思议的事物无非是某种隐秘且熟悉之物，在受到压抑过后显露出来，而且一切不可思议的事物都符合这个条件。但这些因素并不能解决有关"不可思议之物"的疑问。因为我们的论点显然是不可改变的。并非所有符合这一条件的事物——并非所有与被压抑的欲望且与个人和种族的过去的古老思想形式有关的东西——都是不可思议的。

此外，我们也不会隐瞒这样一个事实：对于每一个支持我们假说的例子，我们都可以找到其他类似的例子来加以反驳。Hauff 童话中那篇关于"砍断的手"的故事当然有一种不可思议的效果，而我们将这种效果追溯至阉割情结。但是，在 Herodotus 的关于"Rhampsenitus 宝藏"的故事中，盗贼首领将其兄弟的断手留在那位对他死不撒手的公主那里，大多数读者会同意我的观点：这一情节并没有带给我们"不可思议的"感觉。同样，《波利克拉特的指环》中 Polycrates 的愿望立即得以实现，无疑也深深触动了我们，如同埃及法老产生不可思议的感觉一样。然而，我们自己的童话故事中也充斥着立即被实现的愿望，而这些愿望的实现并没有产生任何不可思议的效果。在《三个愿望》(The Three Wishes)这则故事中，当女人被香肠的香味诱惑并希望自己也能吃上一根时，香肠立刻出现在了她面前的盘子里。她的丈夫对她的冒失感到恼火，希望把香肠垂挂在她的鼻子上。果然，香肠就这样摇摇晃晃地挂上了她的鼻子。发生的这一切是那么令人印象深刻，却丝毫不会让我们感到不可思议。童话故事直接地接受了全能妄想的"泛灵论"观点，不过我并不觉得任何纯正的童话故事有什么不可思议可言。我们听说，当无生命的物体——一幅画或一个玩偶——活过来时是最不可思议的；然而，在 Hans Andersen 的童话中，餐具、家具和锡兵都是活的，也许没有什么比这更令人不可思议的了。当 Pygmalion 的美丽雕像活过来的时候，我们也很难说它是不可思议的。

假死和死者复生从来都被视为最不可思议的主题。但这种主题在童话中也很常见。例如，当白雪公主再次睁开双眼时，谁会妄自断言这是不可思议的呢？而在《新约》(New Testament)中，在神迹中复活的死者也没有引发人们不可思议的感觉。那么，达到这种明显不可思议效果的主题——类似的、不由自主的重现——也可以在其他不同场景中服务于不同的目的。我们已经听说过一种用以引发滑稽效果的情况，这样的例子不胜枚举；或者，它也可以被用作一种强调的手段，等等。然而，我们不禁又要发问：沉默、黑暗和孤独中不可思议的效果又是从何而来呢？尽管这些因素皆是婴儿期表达恐惧时最常有的副产品，但它们难道不是在表明危险在不可思议之事物的产生中所扮演的角色吗？此外，我们是否因我们已经承认"'理智的不确定性'对死亡的重要意义"而有理由完全忽视这一因素呢？

显然，我们必须准备承认，除了我们已经提到的那些产生不可思议之感的决定性因素外，还有其他因素。我们可以说，这些初步的研究结果已经满足了精神分析对有关"不可思议"问题的好奇，其余的部分有待美学领域的评判。但是，鉴于我们对"不可思议"的主张，即"不可思议来自被压抑的熟悉事物"，我们仍旧是对各种质疑开放的。

我们可以观察到也许可以帮助我们解开这种不确定性的一点：几乎所有与我们的假说相矛盾的例子都来自小说和文学作品。这表明，我们应将"不可思议"的亲身体验与我们仅通过想象或阅读感到的"不可思议"区分开来。

引发亲身体验中的"不可思议"的条件要简单得多，但就其例子的数量而言过于稀少。我想，我们终将发现，它完全符合我们解决问题的思路，并且也可以无一例外地追溯到被压抑的熟悉之物。但在这里，我们也必须在材料中作出某种重要的、具有心理学意义的区分，最好能用恰当的例子来说明。

让我们把"不可思议"与"全能妄想""愿望的立即实现""害人的神秘力量"及"死者的回归"串联起来。在这里，产生不可思议之感的条件是确切无误的。我们——或我们的原始祖先——曾经相信这些事情是有可能发生的，并坚信它们真的发生了。如今我们不再相信这些事，我们已经超越了这种思维方式。然而，我们对自己新生的信念尚不确定，而原始信念仍然遗存心中，时时想得到我们的信赖。一旦现实生活中的某些事情让这些被我们抛弃的原始信念应验时，我们就会产生一种不可思议的感觉，就好像我们是在做出类似这样的判断："如此，一个人真的可以仅凭自己的愿望而取人性命啊！"或者"如此，死者确实可以继续活着并在我们眼前出现于其以前活动的场景啊！"，等等。反言之，一个人倘若完全并最终摒弃了"泛灵论"的信仰，就不会对这类不可思议的事情有所感觉了：愿望和（愿望）实现之间最显著的巧合、在特定地点或日期里类似经历的诡秘重复，抑或是最具欺骗性的景象和可疑的声音，这些事物都不会把他带入那种可以被描述为"对不可思议之事物的恐惧"之中。因为这整件事情纯粹只是一种"现实检验"（testing reality），仅是关于一个现象的物质现实性问题❶。

---

❶ 由于"双重自我"的不可思议效果也属于这一类，所以"意外突遇自己的形象"是很有趣的。Ernst Mach（1900）³ 在其《感觉分析》（*Analyse der Empfindungen*）中叙述了两项这样的观察：第一次当他意识到眼前的这张脸就是他自己时，他吓了一大跳。第二次，他对那个上了公共汽车的所谓陌生人产生了非常不好的想法，他认为"现在上车的人长了一张多么猥琐的、校长般的嘴脸"——我可以提供一个类似的经历。当时我正独自坐在我的车厢里，随着火车一阵异乎寻常的猛烈晃动，一旁洗手间的门来回摇摆，一位穿着礼服、戴着旅行帽的老先生走了进来。我以为他正要离开位于两节车厢分界的洗手间，却走错了方向，误入了我的车厢。就在我想要去纠正他时，我马上惊愕地意识到，这个不速之客只不过是我自身在敞开之门镜中的倒影。我仍然记得，我对他的外表感到非常厌烦。因此，Mach 和我都没有被我们的双重自我吓坏，只是没有认出他们是谁。不过，难道我们对他们的厌恶之情就不是古老反应（对"双重自我"感到不可思议）的残余印迹吗？

当"不可思议感"来自诸如被压抑的"婴儿情结""阉割情结"或"子宫内幻想"时，情况就不同了；而引起这种"不可思议感"的经历在现实生活中鲜有发生。在现实中发生的"不可思议的"现象大多属于第一类；然而，理论上，对这两者的区分是非常重要的。当这种不可思议来自婴儿情结时，这与外部现实的问题无关，而是为心理现实所取代。我们所考虑的是那些特定素材在现实中的压抑及被压抑素材的重现，而不是其客观现实中信念的丧失。我们可以说，在某种情况下，被压抑的是一种特定的观念性内容，而在其他情况下，则是一种物理性（客观性）信念。但我们刚才的这种说法无疑使"压抑"一词超出了其合理的含义。更正确的做法是，我们应该尊重可感知的心理间差异，并且认为"文明人已或多或少消除了他们的'泛灵论'信仰"也是比较合理的。那么，我们可以得出以下结论：当受到压抑的婴儿情结由某种印象引发时，或者当我们已经克服的原始信念似乎再次应验时，我们就会出现不可思议之感。最后，我们不能因问题的顺利解决及我们所倾向的清晰论述而一叶障目——上述两种"不可思议感"并不总是泾渭分明的。当我们考虑到原始信念与婴儿情结有着最紧密的联系，而且事实上就是以它们为基础的时候，我们就不会因这种区别往往是模糊不清的而感到惊讶了。

在文学作品中，实际上，那些为小说和幻想作品所描述的不可思议感值得单独讨论。首先，它是一个比现实生活中的不可思议之感更为宽泛的领域，因为除了涵盖后者的全部内容外，还涵盖很多在现实生活中找不到的其他事物。受到压抑之物与被克服之物间的区别不能不作深入的修改就直接搬到小说中的"不可思议"上，是由于小说中事物的存在取决于如下事实：其内容无法接受现实的检验。于是，我们就得出了一个有些悖论性的结论：其一，很多在小说中并非不可思议之物若发生在现实生活中就会变得不可思议；其二，在小说中创造不可思议效果的手段比现实生活中多得多。

讲故事的人在许多其他方面都有这样的破例，即他可以选择他所要表现的世界，使之既可与我们所熟悉的现实世界相符合，也可以在其所喜欢的细节方面与之相偏离。任何情况下，我们都必须要接受他的设定。例如，在童话故事中，现实世界从一开始就被抛之脑后，而采用了泛灵论的信念体系。

愿望的达成、神秘的力量、全能妄想、无生命客体的生命力，所有这些在童话故事中常见的因素，都无法在这里施加不可思议的效果；因为，正如我们已知的，除非在判断上有冲突（即不确定那些已经被"克服"并被视为不可思议的事情是否可能成为现实），否则就不会产生这种感觉，而这个问题从一开始就被小说的设置排除在外。因此，我们看到，大多数与我们有关不可思议之假说相矛盾的故事，证实了我们论点的第一部分——在虚构领域，很多事情并不是不可思议的，但如果它们发生在现实生活中，则会变得不可思议。就这些童话故事而言，还有其他的促成因素，我们将在后面简要地谈一谈。

讲故事的人也可以选择一个环境，虽没有童话世界那样虚幻，但也与现实世界不同，它可以接受高级精神实体的存在，如恶魔作祟或灵魂出离。只要继续停留于诗意的现实环境中，它们通常带有的不可思议的属性就不会附加于它们身上。Dante 的《地狱篇》（*Inferno*）中的鬼魂，或《哈姆雷特》《麦克白》及《凯撒大帝》（*Julius Ceasar*）中的幻影可能足够阴郁和骇人，但它们并不及 Homer 笔下众神的极乐世界那样令人感到不可思议。我们会基于作家强加给我们的想象中的现实（imaginary reality）调整自己的判断，将灵魂、鬼魂和幽灵视作存在于其世界中，并与我们在物质世界中的存在具有同样的效力。而在这种情况下，我们也能消除所有不可思议的痕迹。

作者一旦进入了现实世界，情况就会发生变化。在这种情况下，他接受了在现实生活中产生不可思议感觉的一切条件；在现实中会产生的一切不可思议的效果，在他的故事中都会出现。但是，如此一来，他也可以通过引入在现实世界里从未或极少发生的事情来加强不可思议的效果，使倍增的不可思议的效果远超出现实情况。作者利用了我们本应克服的迷信观念，并通过"让我们相信他给了我们严肃的事实，但后来又推翻了这种可能性"的方式骗取我们的信任。我们对其创作的反应就像我们亲身经历了一样；当我们看穿他的诡计时，已经太晚了，作者已经达到了他的目的。但必须补充的是，他的成功并不是纯粹的。我们仍然有一种不满的感觉，一种对欺骗的怨恨感；我在读了 Schnitzler 的《预言》（*Die Weissagung*）和不严肃对待超自然现象的故事后,特别注意到了这一点。作家还有其他手法来避免我们渐渐增多的抗争,同时提高他成功的机会。如此一来,他要让我们长期摸不透其笔下世界基于何种确切的假想,或者狡猾而巧妙地在全书中避而不谈关于这一点的任何明确信息。然而,总体而言,我们发现这印证了我们论点的第二部分——与现实生活相比,小说为创造不可思议之感提供了更多机会。

严格来说,所有这些复杂情况皆只与那一类由已被克服的观念形式所产生的不可思议感有关。从被压抑的情结中产生的那一类不可思议感在小说中和在真实经验中一样强大,且更难以抵抗,除了一个例外。属于第一类的"不可思议感",即从已被克服的观念形式中产生的"不可思议感",只要其背景是物理现实性的,那么它在小说和经验中都能得以保留;然而一旦它在小说中被设定于一个任意且不真实的场景,它就很可能失去其"不可思议"的特性。

很明显,我们并没有穷尽那些诗意的破例以及小说作者们在唤起或排除(读者的)不可思议之感方面所可能享有的特权。总之,我们对经验采取了一种不变的被动态度,并被身边的物理环境所影响。但讲故事的人对我们有一种特殊的引导力;通过他的引导,我们得以进入某种心理状态并被唤起某种期望,他能够引导我们情绪的流动,并通过修堤筑坝将我们的情绪从一端引向另一端,在同一篇素材中他经常能取得大量不同的效果。所有这些都不是什么新鲜事,无疑早已被美学研究者充分考虑过了。我们不由自主地进入了这一研究领域,因为我们想解释某些与我们关于不可思议之感产生原因的假说相矛盾的例子。鉴于此,我们现在将回到以上研究中的几个例子上。

我们已经问过,为什么关于 Rhainpsenitus 的宝藏的故事中,断手没有像 Hauff 小说中的断手那样具有不可思议的效果。在我们看来,这个问题已经变得相当重要了,因为我们已经认识到,从受压抑的情结中产生的那一类不可思议之感是在这两类中更持久的。答案很简单,在 Herodotus 的故事中,我们的注意力更多地集中在盗贼首领那高超、狡猾的手法上,而不是公主的感情上。公主很可能会有一种不可思议的感觉,的确,她很可能陷入了昏厥;但我们没有这种感觉,因为我们把我们置身于盗贼的立场,而不是她的立场上。在 Johann Nestroy 的闹剧《撕裂者》(*Der Zerrissene*)的首幕中就出现了另一种用来避免不可思议之意象的手法，在此场景中，逃跑的人在确信自己是个杀人犯后，他掀开一个又一个活板门，每次都看到他认为是受害者的鬼魂从里面冒了出来。他绝望地喊道："我只不过杀了一个人，为什么会出现这么多鬼魂？"我们都知道在这一幕里发生了什么，也不会犯下与那个撕裂者同样的错误，所以对他来说一定是不可思议的事情，对我们却有一种不可抗拒的喜剧效果。即使是一个如 Oscar Wilde 的《坎特维尔幽灵》（*Canterville Ghost*）中的那种"真正的"鬼魂，只要作者开始以戏弄的方式将其作为笑料，并允许（读者）自由地接受它，那么它就会失去所有引起不可思议之恐惧感的力量。我们从而可以看出，这些独立的情感效果是如何成为小说所描绘的世界的主题的。在童话故事中，令人恐惧的感觉——包括不可思议的感觉——被完全排除了。我们明白这一点，这就是为什么我们没有找到用以发展这种感觉的机会。

考虑到沉默、孤独和阴暗的因素，我们只能说，它们实际上是从幼儿期病态焦虑中产生出来的，而大多数人都无法逃避这种焦虑的困扰。这一问题已在精神分析视角下的其他领域被尽数讨论了。

第二部分
对《不可思议之意象》的讨论

当分析环境变得不可思议时

罗斯福·M. S. 卡索拉（Roosevelt M. S. Cassorla）❶

在分析过程中，有时分析师会觉得自己失去了控制，就好像被某种奇怪的东西操纵，他会对发生在自己身上的事感到惊讶和害怕。他带给别人的印象是，他好像经历了类似 Freud（1919）所说的不可思议的事情。

对"*Unheimlich*"这一术语的词源研究使 Freud 认识到，这一现象可能在熟悉（familiar）和不熟悉（unfamiliar）的事物之间潜在地穿梭，这两者可以在分析环境中共存。

Freud（1919）²⁴³认为，"……'泛灵论'、魔法和巫术、全能妄想、人对死亡的态度、不由自主的重复和阉割情结，实际上包含了所有将可怕的事物变得不可思议的因素"。Freud 在构想他 1920 年的论文《超越快乐原则》前，就描述了一种不自主的重复："一种强大到足以推翻快乐原则的冲动，赋予大脑的某些方面以其恶魔般的特征。（……）这种内在的'强迫性重复'被认为是不可思议的。"

在本文中，我将观察类似于 Freud 所描述的情况，当分析师在分析环境中遭遇奇怪的"意外"事件时，就会发生这种让分析师自身颇感奇怪的情况。

---

❶ Roosevelt M. S. Cassorla，医学博士和哲学博士，是圣保罗巴西精神分析学会的培训分析师。他是坎皮纳斯州立大学的教授，《国际精神分析杂志》的编辑委员会成员，也是 IPA 的《精神分析百科词典》（*Encyclopaedic Dictionary of Psychoanalysis*）的共同作者。他的作品主要涉及疑难病人的临床方面。他的最后一本书是《精神分析师、梦的剧场和活现的临床实践》（*The Psychoanalyst, the Theatre of Dreams and the Clinic of Enactment*）（2018）。他是 2017 年 Mary S. Sigourney 奖的获得者。

我推测，这些意外事件表明，已知的、熟悉的事物会突然被不熟悉的事物所取代。但是不熟悉的事物未必完全是未知的，因为它指的是已经以某种形式记录在大脑中的原始体验。然而，这种印象并没有被充分象征化，正如在 Mearns 的诗歌《安提戈涅》（Antigonish）中，主人公在楼梯上看见了一个并不存在的人。

例如，分析性二元体（the analytic dyad）似乎通过充分象征化的元素｛如场景、叙述和用语言表达的情节［二人之梦（dreams-for-two）］｝在意识层面和潜意识层面进行交流。不经意间，分析场景中突然出现的情绪宣泄、出人意料的行为、突发症状、不可思议的意象以及任何让分析师毛骨悚然的情况，都会让分析师大吃一惊。我认为，在这些情况下，我们所面对的这种模棱两可的构型（configurations）类似于 Mearns 的诗《安提戈涅》中所描述的："那里空无一人，而我却盼其离开。"（someone who wasn't there but who I wish would go away.）

这种模糊性表现为分析师迷失了方向，他不知道自己的分析功能是否完整抑或是否受到了干扰。正如我们将在下面试图证明的那样，这两种情况实际上都存在：分析功能明显变得紊乱，但同时也标志着其分析功能发挥了效力。

不可思议的程度可能与已知和未知因素之间的对比、它们出现的意外特性以及分析师管理自身直觉能力的方式相符。与创伤事件的相似性，将其自身强加于分析的场域之中。

我们要提醒自己：象征是在现实不存在的情况下，代表现实的艺术品。其特点是相互之间的吸引，并建立了一个象征性的思维网络，在这个网络中，不断变换的意义得以产生。

我们知道，在非精神疾病领域内（Bion，1962），患者能够通过象征将其情绪状态转化为图像和叙事，并通过白日梦和黑夜梦表现出来。分析师试图将这些梦境在自己的梦里重现，如此一来，二人之梦就得以建立，这反映了象征性思维网络如何转变为当前的分析环境。在这些潜意识的领域中，俄狄浦斯三角已经以某种形式实现了，患者和治疗师二人正共同处理这种情境下的冲突变化。

在象征能力受到不同程度损害的领域中，分析性二元体遇到了俄狄浦斯三角中的构型尚未充分实现或受到攻击的情况。在这里，我们就处于精神功能的精神病领域中，这一领域拓展到那些经历过原始体验的领域中，这些体验无法得以象征化，因为这种能力（象征化）还不完备。我们可以假设，一方面，所有的经验都记录在原始思维中，一旦被象征化，也记录在象征思维中。另一方面，象征和非象征记录之间没有二元的对立（dichotomous opposition）。临床资料向我们展示了一系列记录模式，即一个具有不同象征化和非象征化程度的梯度。在这个梯度的一端，我们只有记忆的痕迹，而在另一端有着语言符号、文字和艺术。在这两个极端之间，我们将发现各种类型的象征——图标、索引和其他各种象征形式（Scarfone，2013），它们具有不同程度的劣势和显著的优势，以及不同程度的具象性和抽象性。当象征和象征化没有被区分开时，"象征性等同"（symbolic equations）（Segal，1957）才会导致具象的思想❶。

这些具有象征性缺陷的领域，通过各种临床事件（如上文所述）及躯体化、谵妄、信念、幻觉、行为和空洞而出现在分析领域中。这些原始的方面通常会以伴随着象征性表达的方式表现出来（Bronstein，2015）。我用"非梦"（non-dreams）作为这些现象的总称（Cassorla，2008）。非梦与梦共存。

由于观者将同时体验到活着和死去的客体（或"几乎"活着的和"几乎"死去的客体）、无生命体和人类、具体的客体和象征性的客体等状态，因此，这种共存可能会引起混乱。又因为确定性与不确定性相伴出现，所以，"几乎"（almost）这一特性可以被添加到所有这些客体中。面对思维中原始区域的表现，分析师的容器功能（container function）利用其造梦的能力，试图赋予患者无法通过语言交流的东西以某种形态。造梦的能力涉及改变意识的状态。分析师允许自己被患者的各种精神状态所侵扰，并试图将其

---

❶ 多位作者都对本文所述现象进行过研究，如 Bion（1962，1965，1970）、Green（1998，1999，2005）、Botella 等（2003，2013）、Marucco（2007）、Reed（2013）、Levine（2013）和 Scarfone（2013）。

转化为梦境和思想。Ferro（2009）、Ogden（1999）、Civitarese（2013）、Barros 等（2016）对此进行了更深入的研究。其他精神分析学家（Botella et al., 2003, 2013; Green, 1998, 2005）在重新审视了 Freud 的直觉后，研究了形式退行（formal regression），或赎罪，它们表现出了类似现象。因此，当遇到这些缺乏象征性的方面时，分析师会梦见病人的非梦。如果这种非梦意外出现，分析师会感到困惑，难以保持造梦的能力。

当分析师因无法理解而无法承受这样的意外事件时，通常有几种可能性：①他忽略了自己所经历的事情，将其归因于他认为不值得调查的短期干扰上；②他通过行动发泄出自己的情感；③他赋予这个事件一种牵强的、虚假的意义，以使自己安心。无论采取何种解决方案，从某种意义上讲，分析师直觉地感到其分析功能受到了攻击。这样一来，随着形势变得诡异，分析师会觉得其分析功能变得相当奇怪。

有时，分析师只是在与他的病人分享这种体验后才意识到这种古怪，有时是自动意识到的。这种自动性突出表现为不可思议的感觉。

Botella（2003）描述了一件令他感到惊讶的事件。当时有一名儿童患者在一次治疗结束时无法离开治疗室。分析师看到，这个小孩子面色惨白，一动不动，双眼圆睁。此情此景，分析师觉得自己好像在做一场噩梦，仿佛在梦中看到了一匹狼。他发现自己在对孩子说："你害怕狼吗？"同时分析师模仿起狼抓咬时的手势。孩子惊恐万分，示意治疗师快停下来，但随后孩子的混乱消失了，并能够离开治疗室。这一场景在后来的一次治疗中又重现了。在那之后，这个小孩敢于走出治疗室了，在沿着走廊奔跑时，还会模仿狼的咆哮吓唬别人。

分析师的噩梦带来了不可思议的感觉，某种未知的东西强加在他的思想中。这种现象源于思想的传递，即双重自我和强迫性重复现象。此后，分析师意识到，他实际上是在给病人无法言语的东西赋予形象。

作者由此得出结论：在诸如"被忽视"这一类创伤情景下，这种不可思议的体验通过在连贯的思想中发生的"意外事件"表现出来。这些"意外事件"表明，存在由没有表征（non-representation）而引起的内心活动的扰动。这类创伤看起来给人一种灵异的感觉，即鬼魂在绝望中寻找着意义。

现在，我将借助词源学，回到对 *Heimlich*/*Unheimlich* 这两个单词之间的谱系考证：①孩子的感受是"已知"/未知（"known"/unknown）的，也就是说，这种感受能够被感知到，但是它无法被象征化。②对于分析师来说，"狼"的意象是未知/已知（unknown/known）的；它之所以是未知的，是因为分析师不知道它是如何出现的；它之所以是已知的，是因为分析师对于狼的形象以及伴随其出现的恐惧感是熟悉的。③分析师对于他的分析能力是了解/不了解（knew/did not know）的。分析师所熟悉的分析功能（用于处理自由联想的悬浮注意能力）受到了侵袭，这种侵袭来自分析能力中分析师所不熟悉的那一部分，这个部分是经验本身的创造性转变。对此，分析师既感到熟悉又感到陌生。以上所描述的所有情形（再加上其他尚不清楚的部分），在那个时刻同时存在。

因此，在我这里概述的模型中，"已知"指的是有意义的东西，换句话说，是已经被充分象征化了的东西。"已知"/未知是指已经被经历和感知到但没有被充分象征化的事物。有时，未被充分象征化的元素"搭上"受压抑的潜意识的"便车"，在明显连贯的言语之间时隐时现。

出现这种不可思议的现象还有另外一种可能，它发生在这样的情况下，即分析性二元体的成员之间建立了阻抗共谋（resistance collusions），而哪一个成员都没有意识到正在发生着什么。象征能力在共谋区域内不再起作用。临床资料揭示了二人的"非梦"，它们是被称为持续性活现（the chronic enactment）的原材料。当这些"非梦"都消失了，创伤就会发生，一旦与其他因素联系在一起，就构成了所谓的急性活现（acute enactment），分析师就会对此感到不可思议。此时，正如我们将在下一个临床片段中看到的，分析师认为他已经失去了分析能力，而事实上其分析能力已得到了恢复。

1. Anne 的文章

Anne 完成一次分析之后，她交给分析师一篇将在心理健康大会上报告的文章。在分析期间，Anne 分享了她对分析师接受她的工作感到满意，以及她对分析工作的感谢。

当这名分析师准备张开双手去接收文章时，令他感到惊讶的是，他的手没有张开，而是伸出食指指向了不远处的一张桌子，他要求 Anne 把文章放到桌子上。他说话时语气严厉，这个声音让他听起来很奇怪。当他意识到自己的动作不再受他的控制时，他感到惊恐不已，似乎被某种奇怪的力量所操纵。他立刻意识到自己尽管已经接受了这篇文章，但同时在某种程度上他也拒绝接受它。后来，他把整个经历称作一种不可思议的体验。

分析师不习惯接受他的患者们的文章，相反，他会要求其在分析过程中将文本读出来。正是出于这个原因，他对自己拒绝/没有拒绝 Anne 论文的方式感到不太舒服。他无法确定自己行为的明确动机。他想到的第一个理由是"他要读的东西太多了"，但他很快意识到这种赋予行为意义的尝试是错误的。

他的第一印象是，这一行为揭示了在接受文章的愿望和拒绝文章的愿望之间的妥协。但当这名分析师感到困扰的时候，他已经失去了分析功能。分析师宁愿不去想它，部分是为了逃避困扰，但也因为他凭直觉感到：在某个时候，意义就会出现。但他感到悲伤和内疚，害怕给 Anne 带来痛苦。

第二天，Anne 讲述了一个以拒绝和痛苦为特征的梦。分析师认为，这个梦与前一次治疗中发生的事情有关。在他们进行讨论时，Anne 回忆起一位患有关节炎、无法张开双手的朋友。在这一点上，患者能与分析师讨论该事件，并且将对话拓展到对二元体双方之间已经形成的关系的理解上。

在稍后研究分析过程的阶段，包括行为前后发生的事情，让分析师意识到他参与了一个潜意识的共谋（unconscious plot），这个共谋被非言语化地演绎了出来。在这个共谋中，创伤性的情景和他们的防御被隐藏（和揭示），并且这些情景在分析场合和 Anne 自己的生活中呈现出来。

Anne 是一个令人愉快、心思细腻且敏感的人，她能巧妙地表现出自己的脆弱和不安全感。这些特征激发了他人对她的保护欲，有点类似于一个人在面对无助的婴儿时所产生的保护欲。Anne 的生活充满了这种关系。最初照顾性客体是被 Anna 理想化的。但当 Anne 遇到挫折时，她会感到受到侵犯。理想化的关系将转变为迫害关系。但是一旦 Anne 找到新的照顾性客体，她的敌意就会迅速消退。此外，她还很容易吸引到一个新的照顾性客体。

Anne 和分析师之间的二人之梦允许分析工作在显然占主导地位的俄狄浦斯情结的领域内进行。但与此同时，这名分析师被 Anne 的潜意识召唤，进而参与到我们上文所描述的那种移情场景和共谋之中，对此他并没有完全意识到。他确定的是，在之后的阶段和不同的时刻，他认同了 Anne 需要帮助的一面，却对自己的认同没有任何明确的认知。那么，为什么他的语气舒缓动人，干预也细致入微，而当他解释现实中痛苦的事实时，则会有些犹豫？这些事实表明了分析师的反移情的敏感性，但同时也削弱了其能力。当第二种选择占主导地位时，Anne 和她的分析师建立了融合的关系，其目的是避免与俄狄浦斯情结现实化的痛苦接触。

然而，从外部观察可以认识到，相互安慰和理想化的共谋正在发生。这种重复的二人的非梦情节，我称之为"持续性活现"，可能类似于创伤性梦，但也有区别。这种强迫性重复是潜意识的，在此情景下，焦虑被阻断。与此同时，分析工作也在其他领域发展。

当分析师的手似乎瘫痪了时，他的自发性动作不仅仅是一种释放，还有一个含义不明确的组成部分：分析师既可以同时阅读文章并对其发表评论，又无法这样做。这位分析师不自觉地拒绝成为 Anne 自我的延伸，但对消除融合感到困扰，换言之，他无法阻止持续性活现。

Anne 交出了文章，分析师含糊其词地拒绝了，最终导致了持续性活现的失败。我将这一系列行为描述为急性活现。急性活现揭示了"生活"是同时发生的内部张力的释放和梦工作的混合物。分析师的尴尬和内疚不仅来自失去分析功能的感觉，还来自直觉，他的行为打破了双重共谋，将意味着 Anne 必须面对与现实中三角关系接触的创伤。

对这些案例的研究表明，在持续性活现过程中，分析师是如何相信其分析功能是完整的。事实上，融合领域并非如此，这只有在急性活现发生后才能实现。反过来，这似乎表明分析功能已经受损。而事实上，它正在恢复，就是这样的恢复，使持续性活现能够被消除，并使治疗师有可能反思已经发生的事情。

同时发生的各种事件的混合，揭示了急性活现的模糊性，这些事件包括：内部张力的释放、非梦被梦到、梦被转化为非梦、梦拓宽了象征能力。这种同时发生的情况，再加上这种情况的意料之外的性质，表明它本身是不可思议的。

这里，我们必须停一下，分析师感觉自己像机器人一样被奇怪的力量控制，这是一种不可思议的效果。当分析师拒绝阅读文章时，他通过分析功能的保留而表现出一些熟悉感。与此同时，不熟悉的事物以分析师模棱两可的非自愿行为的形式出现。但陌生感在某种意义上是已知事物的结果。Anne不自觉地向她的分析师传达了这样一种意识，即知道/不知道的融合关系会保护她避免与现实创伤接触，而消除这一点将被视为创伤。分析师变成了病人的替身。Anne/分析师知道/不知道，排斥（exclusion）带来的创伤是可以承受/无法承受的。分析师知道/不知道其行为表现出他对此的模糊性。

接下来的治疗证明了Anne能够通过她的梦进行与融合/排斥相关的象征性工作。在分析领域，分析性二元体（二人之梦）拓展了思维能力，将其所经历的事件包括在内，梦中的情景被重新梦到。因此，象征性思维网络得到了拓宽。

我们发现，Anne在分析环境中揭示了潜意识的多个方面，这些方面既构成了被压抑的潜意识的一部分——通过二人之梦出现，也构成了精神功能的原始方面，它们通过一种"无声电影"的方式被外化（Sapisochin，2013），其共谋显示出其性格化和强迫性地寻找支持和保护的倾向。可以肯定的是，这种潜意识的共谋也受到了代际因素的影响❶。

2. Patricia 心中的洞

我通过聊天软件为一位外国的同事做督导。尽管我们说的是同一种语

---

❶ Cassorla（2008，2012，2018）对持续性活现及其转化为急性活现的条件进行了详细研究。他还描述了一种隐式α功能，它填补了持续性活现期间由创伤造成的漏洞。

言，但因为她的口音，我还是很难听懂一些单词。我们在讨论一个年轻的病人 Patricia。据说因为恐怖主义威胁，她从小就被送到国外生活，和抚养她长大的远亲住在一起。

由于在收养她的家中不受欢迎，Patricia 觉得自己一直过着一种孤单无依的生活。因此，她想要变得独立起来，于是，她搬到了大城市 L，在那里，她靠打零工勉强维持生计，而分析师并不清楚 Patricia 的工作是什么。Patricia 与男朋友产生了一种共生的依恋关系，从而试图填补她的情感空白。但当她沮丧时，就会变得很暴力。

分析师经常会怀疑 Patricia 有所保留或说谎。她想到她可能正在吸毒或卖淫。尽管这名分析师在理性上接受了 Patricia 的解释，但似乎没有什么效果。因此，分析师会偶尔感到自己与 Patricia 的想法相脱节或压根说不到一块去。

Patricia 曾经一直在治疗室里接受面询。但当搬到 L 城之后，Patricia 转而开始使用聊天软件进行线上咨询。刚开始的时候，当她非常想念分析师时，就常会回到分析师所在的城市找她（从 L 城到分析师的城市有两个小时机程），Patricia 也经常会在感到绝望时去见分析师。

这名分析师向我讲述了在最近一次治疗中发生的事情。这次治疗是通过聊天软件进行的。Patricia 告诉分析师她很开心，因为她正在设法长期居住在 L 城，但也不会多次不去面询。她记得曾经当她需要治疗师出现的时候，所感受到的那种绝望。然后，Patricia 告诉分析师，她准备经营一批特殊的商品赚钱。分析师当时感觉 Patricia 可能在此事上没有说实话。于是，分析师向 Patricia 询问了一些交易的细节。但是 Patricia 似乎说不清楚。大量的细节表明，分析师通过停止关注，中断了与 Patricia 的联系。分析师意识到，当她听到 Patricia 说自己被骗了的时候，连接断开了。Patricia 说她买了一件衣服，后来发现衣服上有个洞。她本来可以去换一件新的回来，但她嫌麻烦就没有去换。最后，是一位邻居帮她去店里换了一件新的衣服。Patricia 提到，由于自己很懒，周围的人总是会帮她做很多事情。

在我的同事跟我说这些事情的时候，由于她的口音，有一句话我没听明白，但我决定不去打断她，因此，这一点在我的理解中留下了一处空白。然后我听到这名分析师告诉我，她突然发现食物的意象占据了她的大脑，她在想午餐时要准备什么饭菜时，各种各样的可能性都浮现出来。这时，她感觉到自己在与Patricia交谈时脱节了。而此时，我感到混乱和内疚，因为当我在不理解她前面说的那些话的时候没有打断她。

接着，分析师突然停止了讲述。她告诉我那次治疗到此就结束了，但是她不记得治疗是怎么结束的。令我意外的是，分析师告诉我，她希望我能够帮助她理解那些食物的意象，对此，她感到困惑不已。并且在治疗结束后，那种困扰的感觉愈发多了起来。她感觉到某种不可思议的体验，就好像某种无法控制的奇怪之事，在她尚未理解的情况下占据了她的头脑。

督导师与受督者都认为，在治疗开始的时候，Patricia似乎对能够将分析师的意象保留在内心更长时间感到满意。然后，不诚实的氛围呈现出分析环境中可能发生了不真实事件。分析师既是欺骗者又是被欺骗者。分析师的脱节导致Patricia发出了一个欺骗性的感知信号——衣服上有一个洞。这个洞在衣服上，这个洞也在她跟分析师的关系里，同时这个洞还存在于治疗陈述中。这个洞是不诚实的产物，反过来又被不诚实所填充。

换言之，分析性二元体成员之间的关系使Patricia的内部漏洞得以显现，分析师在潜意识中察觉到了这些漏洞，这让她感到失去活力，并使她难以在象征性思维网络中发挥连接的作用。懒惰是Patricia和分析师双方共有的，她们一旦彼此认同，就无法调动足够多的力比多能量来对抗破坏性的阻抗。Patricia将处理这一阻抗的任务分配给她的邻居与治疗师，但是结果并不令人满意。

在这一刻，不可思议的东西出现了，强大的食物意象占据了分析师的头脑。分析师觉得与Patricia失去连接了。但矛盾的是，食物意象暗示出其与Patricia的空虚感有着深刻的联系。同样的事情也发生在督导师身上，他懒得去调查他对分析师理解中的漏洞。患者、分析师和督导师都与充满漏洞的象征性网络区域接触。

意想不到的食物意象揭示了对得到满足的需求。但它也代表了缺失的乳房——原始客体，其心理表征要么不存在，要么太微弱。因此，这种不可思议的现象揭示了各种模棱两可的方面。矛盾的是，这位脱节的分析师与她的想象能力相连接，尽管这种想象似乎是被强加的。这样一来，分析师的分析能力既受到干扰，同时又强而有力。在某种层面上，食物代表着缺失的乳房的替代品，而在另一层面上，则代表着什么都没有［根据 Bion 在 1965 年的说法，就是非物（no-thing）和无物（nothing）］。

详细研究这一案例表明，Patricia 早年的表达能力受到了影响。她需要一个具象的客体和一种由分析师通过"食物"这一意象戏剧化地表现出来的融合关系。通过毒品、滥交和金钱所实现的幻想表明了相同类型的防御机制。

与 Patricia 这类患者进行工作的时候，需要分析性二元体创造出一些结构（Freud，1937）。这些结构将会带给我们一些鲜活的意义，而非简单的理性思考。这些结构将在情感体验中被创造出来，并在分析环境中得以解释。经分析性二元体的相遇和碰撞，在心理的微观层面上产生了连接，其中很多非代表性的假说也随之而来。

当督导结束的时候，分析师回想起了那次治疗结束时的场景。在关掉聊天软件之前，Patricia 说她非常喜欢分析师手上戴着的那只手镯。她特别说道："镯孔'不大也不小'。"

3. Paul 与分析师的奇怪钢笔

35 岁的 Paul 说，他一直生活在一个可怕的世界里，因为他总觉得有一些不确定但可怕的事情即将发生。但他丝毫没有意识到自己过去也一直生活在这样一个世界里，因为对他来说，生活应该是这样的，他确信每个人的感受都和他一样。今天，他用"恐慌"一词来形容这种无名的恐惧。近几年来，尽管他的能力得以提高，能够在一定距离外观察世界。但总体而言，他仍然过着一种具有神经症特征的生活。

在一次治疗中，在面对分析师时，他提到自己收到了一封邮件、一支笔、一封请求为某宗教组织捐款的信。他保留了笔，但扔掉了信，因为该组织不属于他所信仰的宗教。

但是这支笔很快就成为他的一个威胁。他告诉自己必须设法摆脱它。他很仔细地考虑了一下他能将笔送给谁，其中包括一位邻居、一位堂兄、他的女佣和一位同事。他说这些都是嫉羡他的人。他们嫉羡他，他想如果他把笔交给他们中的一个人，这种嫉羡就会消失。但他还是无法下定决心。如果他把这支笔送人，那么要送给谁呢？这让他伤透了脑筋，他感觉他的脑袋快要爆炸了，他想象着自己的头骨裂开，大脑流溢而出的场景。就像他最近看的一部电影里的情节：一名眼睛中弹的罪犯头骨裂开，脑浆流了出来。

听到这个故事，分析师想象了大脑溢出的场景，并意识到其情感中混合着厌恶和愉快。分析师还指出，Paul 的嫉羡让他烦恼，并激起了他的愤怒。他认为这支笔可能是一件充满嫉羡意味的礼物。但他知道，现在对 Paul 说这句话除了发泄自己报复的愿望外，没有任何用处。

分析师问 Paul，他是否想过把笔交给分析师，从而摆脱笔，这让他自己感到惊讶。Paul 回答说，他没有考虑过这种可能性，因为分析师可能会把笔放在桌子上，这会让他感到威胁。在谈话的那一刻，Paul 正看着桌子上的另一支笔，分析师的笔。Paul 疑惑地看着它。分析师问他看到了什么，Paul 回答说，这支笔呈现出了不同的密实度，他可以看到它在变大。它越来越大，充满了他的整个视野，这让他感到非常害怕。他把椅子挪开，远离了桌子，并让分析师把笔收了起来。

分析师告诉 Paul，桌上的笔和他作为奖品收到的笔已经引起了他相同的情感。气氛很紧张，分析师看着 Paul，继续小心翼翼地与他交谈，以评估他是如何理解分析师的话的。分析师表示那支笔被负面情绪所污染，这就是为什么气氛变得紧张，这就是 Paul 感觉受到威胁的原因。

Paul 说，很高兴听到分析师的评论，这表明分析师理解他的想法。但他想知道为什么那支笔对他来说是很危险的。分析师对鼓励 Paul 承担责任及保持好奇心的做法感到满意。但与此同时，分析师不相信他自己的反应，他担心 Paul 可能只是想迎合他。

当时，分析师脑海中出现的大多数解释对他来说似乎都是理智的，并对所发生的事情进行了理论上的解释。分析师从而得出结论：他做梦的能力受损，因此，他保持沉默。

Paul 接着说，由于小时候家庭条件好，同校的其他学生都会很羡慕他。然而，分析师根据先前的陈述已在头脑中构想出了 Paul 家的境况：那个家又穷又脏，位于比附近其他房子都低的地段。分析师几乎没有意识到，这一种构想是他试图用意象表现与恶化、破坏性和自卑感有关的情感体验的结果，换句话说，就是表现与在一个贫穷和落败的世界中生活有关的情感体验的结果。这幅图景与 Paul 当前的描述相反，但它表明了 Paul 所隐藏的东西。

Paul 的记忆和联想似乎表明了一定数量的梦的工作。此时，分析师向 Paul 提出了一个假设，即 Paul 扔掉了随笔寄来的信，因为这让他想起了这种情况——需要捐款的穷人的嫉羡，而他认为这些人与自己不同。但分析师认为，指出 Paul 内部的嫉羡或其与分析师之间的嫉羡并不容易。

Paul 随后说他害怕死亡。分析师告诉他，当他听到分析师谈论嫉羡感时，他感到了一种威胁感。Paul 答道："我们迟早都会死亡。"分析师认为这句话"扼杀"了其干预，就提醒 Paul，他——这位分析师——也将死去。

此时，Paul 看着分析师微笑着并挖苦地说，分析师会比他先死，因为分析师年纪更大。分析师听后打了一个冷战。

在分析师恢复过来之前，Paul 站起身，宣布是时候结束治疗了。分析师表示，还有五分钟的时间，因为他们开始晚了。Paul 回答说，由于自己在人前从来都是输家，他已习惯让别人占便宜了，所以他决定在分析师让他离开前就先行离开。分析师告诉他，如果他坚持再待五分钟，对双方都有利，没有人会成为输家。Paul 面露惊讶的神情，称这是他从未想过的。

在下一次治疗中，Paul 说，在前一天，他发现自己看待妻子的角度不同了。当治疗结束后，他回到家中，妻子照例向他打招呼，而他未曾注意到她对自己是那样的友好和温柔，照顾自己也是体贴入微。他曾一直认为妻子是看中了他的什么才跟他在一起的，直到昨天他才真正感受到了爱。他补充道，自己从来都不知道什么是爱，直到那一刻他才被感动了。分析师认为他的情绪是真实的，但也注意到，在一个平行的领域，一些令人疑惑的事情仍在发生。接着，Paul 描述了他在童年经历的创伤，这与他缺乏信任和爱有关。分析师听后，甚至感到如临其境。这场治疗以二人之梦为主，在治疗结束后，Paul 看着桌上的笔说："这只是一支笔而已。"

讨论

正如我们所看到的，Paul 一直生活在一个充满恐惧的世界里。这个世界对他来说很熟悉，他无法想象还有什么其他的生活存在。我们可以想象，Paul 生活在可见又不可见的幻觉中（Bion，1959），犹如被鬼魂缠身。

在治疗期间，他对笔的感知发生了扭曲。这向我们展示了内部现实如何与外部现实联系起来，从而建立了通过离奇的物体表现出来的思维集群。Paul 试图通过那支笔以符号、象征和部分精神装置的退化残余来表现复杂的情感体验。同时，离奇的物体寻求释放内部张力，并通过做梦者来获得象征性。

在治疗期间，一些情感经历会被命名。被言语化的熟悉领域（如嫉羡和竞争）混合着具有象征性缺陷的创伤领域，与暴力和顺从建立了连接。他们一同表现为无法言说的情感（feelings without words）、情感中的记忆（memories in feelings）(Klein，1957) 和戏剧化的行为。

在上文所描述的情况下，这种不可思议的感觉主要表现在患者身上。爱的感觉通过这个离奇的物体显现出来，它成为一个爱的礼物，也成为一个重现创伤的载体。这种不可思议之意象包含了所有这些方面，从而使一支熟悉的笔成为一个具有威胁性的物体。

在这个小插曲中，不可思议的事情并没有转移到分析师身上。大脑从头骨中溢出的想象也并没有被认为是不可思议的，Paul 也没有为分析师的死亡感到愉悦，尽管这令他胆战。

我认为，这位分析师之所以能逃脱这一不可思议的体验，是因为他熟悉 Paul 的心理功能，以及在分析领域中表现出来的嫉羡攻击的变化。换言之，即使分析性二元体处理的是具有象征性缺陷的创伤性区域，分析师还是设法确保其分析功能的运作。

4. 总结

在本文中，我试图证明，使用 Freud 式直觉去思考不可思议之意象的富有成效的本质。我还提出，不可思议之意象在分析环境中的存在，尽管让分析师感到困惑，但是它可表明与某一领域的充分连接，在这一领域中，象征化的缺失与更充分的象征化相互伴随。后者包括熟悉和未知的事物，它们构成了熟悉事物的一部分；前者包括不熟悉的事物，尽管这种事物没有被象征化，但在某种程度上仍然是"已知的"。

Freud（1919）[240] 在文章中向我们展示了原始功能的各个方面：

> 我们对不可思议之意象的分析使我们回到了古老的、泛灵论的宇宙观，其特点是认为世界上充满了人类的灵魂，以及主体对其主观精神过程的自恋式高估（如对"全能妄想"的信仰与基于此信仰的巫术活动，以及把按照比例层层划分的巫术力量或"魔力"赋予外界形形色色的人和物）；还有那些处于无限自恋发展阶段中的人们，为抵抗现实中的无情法则而构想出其他理想产物。我们每个人都似乎经历过与原始人的泛灵论阶段相对应的个人发展阶段，我们每个人在跨越这个阶段时都保留了某些可以重新被激活的残留物和痕迹，而现在让我们感到"不可思议"的一切都满足了"激起我们体内泛灵论精神活动残余并使之得以呈现"的条件。

当然，这些"残留物和痕迹"对应于原始的精神记录。它们可以被感知，但无法在想象中产生。然而，它们作为寻找意义的幽灵出现，这让我们想起了 Bion（1963）[61] 对"β 元素"的描述：

> 这个术语代表了可以产生思想的最早模型。它具有无生命客体和精神客体的性质，两者之间没有任何形式的区别。思想就是事物，事物就是思想；

它们有自己的特性。

客体既是事物也是思想，既有生命也没有生命，这种模糊性更加复杂，因为 β 和 α 元素（梦<->非梦）之间除了存在一系列可能性之外，还可能存在矛盾的区域，这些区域表征了更好的象征性方面。

总之，恶魔般的死亡本能试图攻击或阻止意义的出现。但这些意义——即使受到攻击——也可能在某个地方留下痕迹，哪怕有时是以幽灵般的形态，也试图要表现出来；这些由攻击导致的幽灵也在寻找意义，并在这种模糊性中表现出来。

Bleger（1967）研究了"模糊性"这一主题，他描述了一个在时间上位于偏执分裂状态之前的状态。它涉及原始经验的残余，是大量令人沮丧和欣慰的经历以及婴儿生命之初的各种时刻的集合，这些经历都具有不同程度的强度。

在这些领域中，没有好与坏或内、外部的区分，这种"模糊性"让观察者感到不安。它与矛盾心理不同：在矛盾心理中，每一个部分被分割后都是彼此分离的；而"模糊性"则是，感知的东西同时是内在的和外在的、好的和坏的、生的和死的、全部的和部分的、有生命的和无生命的、奇怪的和熟悉的。这些现象变得更加复杂，因为它们同时与来自其他更完整部分的现象相接触。

Bleger（1967）声称，程度较低的"模糊性"会在不易组织或整合及不完整的自我中产生不可思议的感觉，而模糊程度较高的某件东西，即使以意想不到的方式出现，也会在更成熟或整合更好的自我中产生陌生感或神秘感。

这种"模糊性"现象构成了所有已知情况的一部分。换言之，面对熟悉的或确定无疑的事物，有些部分或方面仍是未知的，这些部分或方面应该保持模糊性，以让人更进一步加深对该事物的了解。

Bleger 的术语可以根据象征化能力来转录，在象征化能力中，我们会发现"梦<->非梦"之间的连续性范围，叠加在"象征化事实<->非象征化事实"之间的范围之上，梦和非梦可以以一种模糊的方式共存，正如我们之前看到的那样。

总之，通过（在夜晚或清醒时）做梦，或更好的是，通过对梦的情感描述，分析师与被分析者的象征性思维网络接触。但正如我们所知，分析师并没有超越梦的藩篱。生物通过内驱力、倾向性和先入为主的特性来表现自己，寻求真实的氛围（Bion，1962）。在这场相遇中，情感体验使没有感情的动物变成人类。情感体验可以作为无法象征的驻留物而将其自身安置在原始头脑中。正如在引文中所写的，虽然他们并没有站在"楼梯上"，但也在"楼梯上"。如果"不存在"的东西——没有通过象征化与意识相连接——"会消失"，那该有多好。但是大多情况下，"不存在之物"在死亡驱力的庇护下会强迫性地表现为心中的幽灵。

人们希望分析师能够与这些幽灵相处，而不希望它们"走开"。因为分析师知道这些幽灵是一种信号，代表了象征化能力的缺失，代表了主体在试图将这些创伤性体验转化为鲜活的、具有创造性的客体中的失败。这些幽灵通过不可思议之意象呈现出来，分析师则通过与缺乏象征化能力的患者一同工作，以及通过与分析师自身在同一领域进行工作，来了解这些幽灵。

本文中的推论尚需得到进一步确认。我们所研究的这些现象相当复杂，我们需要从整体上看待治疗过程，并以一种即时性的反应来理解这些现象。重要的是，分析师要试图理解分析环境中正在发生的事情，考虑到每一种情况都是特别的，明了所有的体验都在不断发生着变化，知道观察者是正在发生的事情中的一部分，他影响着临床事件，并反过来受到临床事件的影响。如果在临床工作或在理论的运用中，分析师都无法正常工作，他就有可能要面临自身真实体验及理论架构中的不可思议之意象。

参考文献

Barros, E. M. R., and Barros, E. L. R. (2016). The Function of Evocation in the Working-through of the Countertransference: Projective Identification, Reverie and the Expressive Function of the Mind. In *The Bion Tradition. Lines of Development – Evolution of Theory and Practice Over the Decades*, eds. H. B. Levine and G. Civitarese. London: Karnac, pp. 141–153.

Bion, W. R. (1959 [1967]). Attacks on Linking. In *Second Thoughts – Selected Papers on Psycho- Analysis*. London: Heinemann, pp. 93–109.

Bion, W. R. (1962). *Learning From Experience*. London: Heinemann.

Bion, W. R. (1963). *Elements of Psychoanalysis*. London: Heinemann.

Bion, W. R. (1965). *Transformations*. London: Heinemann.
Bion, W. R. (1970). *Attention and Interpretation*. London: Tavistock.
Bleger, J. (1967). *Simbiosis y ambiguedad: estudio psicoanalitico*. Buenos Aires: Paidós.
Botella, C., and Botella, S. (2003). *La figurabilidad psíquica*. Buenos Aires: Amorrortu.
Botella, C., and Botella, S. (2013). Psychic Figurability and Unrepresented States. In *Unrepresented States and the Construction of Meaning*, eds. H. B. Levine, G. S. Reed, and D. Scarfone. London: Karnac, pp. 95–120.
Bronstein, C. (2015). Finding Unconscious Phantasy in the Session: Recognizing Form. *International Journal of Psychoanalysis*, 96: 925–944.
Cassorla, R. M. S. (2008). The Analyst's Implicit Alpha-Function, Trauma and Enactment in the Analysis of Borderline Patients. *International Journal of Psychoanalysis*, 89: 161–180.
Cassorla, R. M. S. (2012). What Happens Before and After Acute *Enactment*? An Exercise in Clinical Validation and Broadening of Hypothesis. *International Journal of Psychoanalysis*, 93: 53–89.
Cassorla, R. M. S. (2018). *The Analyst, the Theater of Dreams and the Clinic of Enactment*. London: Routledge.
Civitarese, G. (2013). The Inaccessible Unconscious and Reverie as Path of Figurability. In *Unrepresented States and the Construction of Meaning*, eds. H. B. Levine, G. S. Reed, and D. Scarfone. London: Karnac, pp. 220–239.
Ferro, A. (2009). Transformations in Dreaming and Characters in the Psychoanalytical Field. *International Journal of Psychoanalysis*, 90: 209–230.
Freud, S. (1919). The Uncanny. In *S.E., 14*.
Freud, S. (1920). Beyond the Pleasure Principle. In *S.E., 18*.
Freud, S. (1937). Constructions in Analysis. In *S.E., 23*.
Green, A. (1998). The Primordial Mind and the Work of the Negative. *International Journal of Psychoanalysis*, 79: 649–656.
Green, A. (1999). *The Work of Negative*. New York: Free Association.
Green, A. (2005). *Key Ideas for a Contemporary Psychoanalysis*. Hove: Routledge.
Klein, M. (1957 [1975]). Envy and Gratitude. In *Envy and Gratitude and Others Works 1946–1963*, ed. M. Klein. London: Hogarth Press, pp. 176–235.
Levine, H. (2013). The Colourless Canvas: Representation, Therapeutic Action, and the Creation of Mind. In *Unrepresented States and the Construction of Meaning: Clinical and Theoretical Contributions*, eds. H. B. Levine, G. S. Reed, and D. Scarfone. London: Karnac, pp. 18–41.
Marucco, N. C. (2007). Between Memory and Destiny: Repetition. *International Journal of Psychoanalysis*, 88: 309–328.
Ogden, T. (1999). *Reverie and Interpretation: Sensing Something Human*. London: Karnac.
Reed, G. S. (2013). An Empty Mirror: Reflections on Nonrepresentation. In *Unrepresented States and the Construction of Meaning*, eds. H. B. Levine, G. S. Reed, and D. Scarfone. London: Karnac, pp. 18–41.
Sapisochin, S. (2013). Second Thoughts on Agieren: Listening the Enacted. *International Journal Psychoanalysis*, 94 (5): 967–991.
Scarfone, D. (2013). From Traces to Signs; Presenting and Representing. In *Unrepresented States and the Construction of Meaning: Clinical and Theoretical Contributions*, eds. H. Levine, G. Reed, and D. Scarfone. London: Karnac, pp. 75–84.
Segal, H. (1957). Notes on Symbol Formation. *International Journal of Psychoanalysis*, 38: 391–397.

不可思议之意象中的双重自我[1]

瓦莱丽·布耶（Valérie Bouville）[2]

在本文中，我将根据 Freud 在 1919 年发表的《不可思议之意象》，讨论不可思议之意象与"双重自我"动机之间的联系，并说明不可思议之意象是如何在精神分析疗法中成为心理发展的指标的。

精神分析师们在精神生活的层面工作，这与美学研究的材料关系不大。这是 Freud 在文章《不可思议之意象》开头所表达的观点。由于我在 2017 年作为精神分析师所使用的工作方法，与我的病人及我自己的情感冲动渗入分析空间有很大关系，我想将 Freud 处理美学的方式呈现出来——这似乎更像是一项智力游戏，甚至是一项有趣的任务——这在过去一百年中已经成为一种强大的分析技术。反移情的出现，作为治疗期间关系动态的一个主要因素，在当前的精神分析中发挥了重要作用，正如 Freud（1919）[229] 提到的"被抑制的情感活动……这些情感活动的目的受到抑制，并取决于众多的并发因素"。

在 Freud 这篇涉及多重考虑的文章中，特别吸引我的是，他对"双重自我"的分析是如何导致了所谓不可思议之意象的出埗。来自某一发展阶段的外化自我（an externalized ego）与意识性自我之间的复杂联系，使双重自我披上了不可思议的外衣，因为这种不可思议之意象代表了被克服、被压制甚至被分离的冲动在想象中的人格化。

---

[1] 由 Gisela Schulz 翻译。

[2] Valérie Bouville，1963 年出生于法国，她在巴黎学习心理学，在巴黎和柏林学习医学，后来成为精神病学和心理治疗方面的专家。她是德国精神分析协会（DPV）的精神分析师和培训分析师，并在德国波恩私人执业。她特别感兴趣的是语言和心理之间的关系，包括不同的文化如何影响我们的心理发展和认同，以及心理机制如何代代相传。自 2017 年以来，她一直是 DPV 的主席。

在本文中，我将跟随 Freud 的分析范式描述我的想法，并通过一个临床例子来说明这些想法。

在我看来，Freud 的文章描述了一种对他来说不同寻常的方法。他在其研究中从一个术语开始，旨在揭示一种隐秘的心理机制，而不是寻找与症状或病理相关的潜在情结。"unheimlich"（不可思议）一词被视为一种症状或梦境的表现，这将通过暗示联想的方式引出一个隐藏的、潜意识的过程。但 Freud 进行这一棘手分析的动机是什么？对读者来说，这并不清楚。1906 年，E. Jentsch 在《精神病-神经学周刊》（*Psychiatric-Neurological Weekly*）上发表了一篇论不可思议之意象中的心理学的文章，Freud 引用并剖析了这篇文章，这可能是他完成这项艰巨任务的潜在动机。他可能不想让 Jentsch 的分析——他认为其分析并不充分——独占这个话题，成为（读者）唯一可获得的论文。

一开始，Freud（1919）[230]同意 Jentsch 的观点，即研究超自然现象的一个特别的困难是"人们在对这种感受性的敏感程度上表现出了明显差异"。按照他一贯的精确和系统的方法，Freud 根据词汇分析和小说中的文学实例提出了一个通用的定义。他将这种不可思议的现象定义为"一种可怕的感受，它引导我们回到我们过去熟知且一度非常熟悉的事物上"（Freud, 1919）[231]。"*Heimliche*"是一个古老而熟悉的词。前缀"*un*"[*unheimlich*（不可思议）的前缀]使这个词与我们熟悉的词相反，"*Heimliche*"（熟悉的）因此被转变为令人恐惧的"*Unheimlich*"（不可思议）。

对我来说，作为一个在德国生活了近三十年并熟悉德语的法语母语者，这种"不可思议"似乎有一种难以捉摸的特质，一旦感觉到它，就会马上消失。一种根深蒂固的恐惧就像一股烟雾，随着现实迅速浮出水面，在（心理上）眨眼间迅速消失，或者在重新出现之前只能被暂时抑制。法语中没有"*unheimlich*"这个词。在精神分析著作中，这个词被翻译成一个新词，由两个词组成，仅用作名词，即"*l'inquiétante étrangeté*"。英语似乎也没有一个对应的词，这种现象也充分代表了这个词的全部含义。

这是否意味着德语将一种在其他文化中仍然"无名"的复杂情感放在一个词中？这是否也意味着如果德语没有这个词，精神分析界就不会发现隐藏的潜意识机制呢？如果 Jentsch 事先没有发现这一现象，那么，Freud 会解决这个问题吗？这个想法似乎很有趣，也许甚至不可思议。但我们很快发现事实并非如此，因为如果我们将"不可思议"一词视为一种症状，那么它只可能是引导我们探寻潜意识的众多术语之一。这意味着，即使没有德语中的这个词，这一现象也会暴露出来，但如果没有 Freud，这一点可能就不会被发现。

单词"*unheimlich*"通过添加前缀"*un*"而成为另一个单词"*heimlich*"的否定词。两者仍然密不可分。Freud 的论证基于这个词的词源学发展，在例子中再现了原始心理过程的表达。不可思议的根源在于"*heimlich*"，它由此变成了"*unheimlich*"（"unhomey"／"uncanny"）。"为神圣之物蒙上面纱，为其笼罩一层*Unheimlichkeit*""'*Unheimlich*'是对一切本应被隐藏和视为秘密却暴露出来的事物的称谓"，这里 Freud 引用了 1860 年 Daniel Sanders 的《德语词典》中 Schelling 的话。本书中的很多对例证的引用也可能表明，"*heimlich*"和"*unheimlich*"这两个词可能被视为一对具有较小差异的词，就像 Freud（1917）[169]在《对小区别的自恋》（Narcissism of Small Differences）中所描述的那样。

谈到从"平凡"到"神秘"的转变，Freud（1919）[246]引用了"在文学史上创造'不可思议'的能力无人能及"的大师 E. T. A. Hoffmann 的作品，并分析了 Hoffmann 的奇幻故事之一《沙人》，期望通过作者的创造性和自由联想揭示不可思议之意象的本质。Freud 强调，虽然 Jentsch 将不可思议之意象的影响归因于理智的不安感、不确定性或对客体是否具有生命力的质疑，但正是古老而长久的熟悉感的回归，造就了不可思议之意象。我认为两者都是对的。似乎正是这些不同参数的组合，会产生不可思议的效果。正是这种不安全感，这种对客体的不确定性，可能是一种古老而熟悉的东西，它可能隐藏在无害的外表之下，在过去被放逐，之后又回归了，这才解释了这种不可思议的特点。这一论点可以解释我们所谓的似曾相识现象，Freud 在文末对此进行了描述。我想补充一点，只有那些古老而长久熟悉的东西才有可能克服不可思议的感觉。Freud 在书中看到了阉割的父亲的意象，并在不可思议的感觉中看到了不断产生威胁的阉割焦虑。在古典精神分析意义上，阉割的父亲被视为叛逆男孩的幻想构造。Freud 同样将 Hoffmann 故事中的人偶 Olympia（Nathaniel 欲望的对象）视为男孩的幻想构造，实际上是视为"Nathaniel 婴儿时期对父亲的女性态度的具象化"（1919 论文的新增脚注）。事实上，这个人偶是一个"由 Nathaniel 单独面对的、与其无关的情结"（1919 论文的新增脚注）。如果我们从这样一个角度来看待这一场景，即父亲不仅是一个幻想的意象，而且是一个真实的、（本身也是）积极的客体，那么我们可能会质疑邪恶的阉割父亲的个人愿望。真正的父亲追求的目标是什么？是给儿子人偶以激发儿子的欲望吗？还是在想要摧毁儿子，让他在被羡慕和嫉羡的情绪压垮之前，体验一下儿子的欲望？抑或是想通过阉割儿子来消除自己对儿子的渴望吗？这可能也与父亲对儿子的同性恋渴望有关吗？ Freud 认为人偶代表了男孩的独立情结，因此可以得出结论，男孩对人偶的爱是一种自恋的爱。如果我们基于上述假设，即父亲在场景中不仅是被动的——他想象自己被儿子利用，还积极追求自己的愿望，那么我们得出的结论与 Freud 相同；然而，从两方面来看，人偶是父子俩的自恋产物。对人偶的爱一方面是出于父亲的同性恋倾向和自恋愿望，这在他创造和呈现人偶中表现出来；另一方面是男孩投射于（由父亲引出的）人偶的同性恋和自恋愿望。我认为，正是这两个人（父亲和儿子）欲望的相互作用，导致了"这个因阉割情结而迷恋父亲的年轻人"（1919 年论文的新增脚注）不可能去爱一个真正的、容易接近的女人。在故事中，Nathaniel 无法结束他对人偶（和父亲）的渴望，并将其转移到一个真正的年轻女性身上。

根据 Freud 的说法，Hoffmann 故事中的不可思议之处源于一个似乎是父亲替身的男人反复出现所导致的阉割情结。这个男人有着父亲的特征，也有儿子身上的特征（人偶的眼睛可能是儿子的）。因此，读者们的逻辑是这样的：这几代人对现实及对他们自己身份的极端困惑导致了必定会让 Nathaniel 发疯的混乱。

在这篇文章中，Freud（1919）[245]还提到了另一个玩偶，这个玩偶的主人是他的一个患者，"即使在她八岁的时候，她仍然相信，如果能以一种特别的、极其专注的方式看她的娃娃，她的娃娃就一定会活过来"。Freud 还补充道，人偶"根本没有激发他们的恐惧，儿童对他们的人偶的复活没有感到恐惧,甚至可能渴望它复活"。我认为,孩子不感到恐惧是因为尽管其对玩偶具有神奇的信念,但它始终没有活过来。只要对玩偶的生命力仍然处于一种幻想中,它就是无害的。玩偶是女孩部分移情的接受者,可以说,女孩有意识或潜意识地控制着这些移情。然而,如果玩偶真的因为女孩的召唤而活了起来,我想女孩一定会被它吓坏,原因有两个:一方面,代表了女孩幻想成真的活玩偶会引发其阉割焦虑。另一方面,灌输给娃娃的生命力将是女孩情感和幻想的转移,这些情感和幻想会突然分离出来,并将独立地"作用于"玩偶。此时,玩偶会变成一个自主的、部分有意识的镜像,但最重要的是,变成这个女孩的潜意识镜像,即女孩的双重自我。

Freud(1919)[246]参照 Hoffmann 的另一个故事《魔鬼的万灵药》讨论了双重自我的动机。他说:

> 精神过程从一个人身上转移到另一个人身上——我们应该称之为心灵感应——来强调这种关系,这样一个人就拥有了与另一个人共同的知识、感觉和经验,把自己与另一个人联系起来,但他的自我却变得混乱起来,或者说,外来的自我取代了他本身的自我,换言之,自我存在某种双重性、分裂性和互换性。最后,类似情况不断地重复,同样的面孔、性格特征、命运的转折、罪行,甚至是同一个名字在连续几代中反复出现。

根据 Rank 写于 1914 年的作品,Freud 认为双重自我最初是一个很好的镜像,一个保护主体远离死亡的守护神。

读到这些文字,我们很难不会从双重自我联想到兄弟姐妹。然而,在不作任何进一步扩展的情况下,我想指出,René Kaës(2008)所描述的兄弟情结,如果无法克服,可能会产生一种根深蒂固的双重毁灭性恐惧。除了《沙人》中的父亲或 Freud 年轻患者的玩偶,兄弟姐妹也是可以被幻想出来的。

在这一点上,我想介绍 V 女士的案例。她是在我这里治疗了好几年的一位中年患者。她前来接受治疗,从年轻时起,她就一再放弃自己所从事的一切。这种持续的行为模式始于中学（高中）。由于当时她的成绩急转直下，以至于她不得不转学到一所教学质量差得多的中学（高中）。当我第一次见到她时，V女士刚刚放弃了参与长期失业者重返社会计划，因为她"无故"错过了太多课程。第一次治疗时，我们之间的人际关系动力值得注意。因为她同时传达了两个信息："请接受我作为患者。"和"你想从我身上得到什么？"似乎同时存在的推动和阻抗的力量阻止了任何行动。直到她离开后，我才有可能重新获得足够的思考能力，并理解我们第一次相遇的动力。我作出这样的假设：推动和阻抗的力量可能是V女士作为治疗动机而呈现出的症状的原因。每次她开始类似重返社会计划（推动力）的活动时，敌对力量都会被调动，直到她放弃为止。虽然这两股力量一并成为所有进展的阻碍，但似乎都有充分的理由发生于其间。听V女士讲述过去的经历后，我确信只有高频分析疗法才能让我们一方面处理她反复浮现的创伤史，另一方面充分了解这两种力量的所有影响及其相互作用。

经过几个月的治疗后，V女士开始不再预约，并在完全放弃治疗之前，停止与我的任何更集中的接触。她那冠冕堂皇的借口是，她有一个新的培训计划，所以她无法参与更多的治疗。然而，她放弃一切的主要症状的表现并不令我惊讶，而是在我的反移情中引发了一种强烈的对治疗关系瓦解的焦虑。每次在中断一周后的第一节治疗时，我都会隐约意识到这一点。我被一种被抛弃并永久等待的可怕感觉所笼罩。我假设第二种力量"你想从我身上得到什么？"对应于在一种原始需要与部分被抛弃的自我被投射和分离之后的自恋性退缩。第二种力量基本上是为了保护她不再次被客体抛弃。几个月后，她再次联系了我，我们恢复了分析性治疗，这一重要的潜意识洞察力丰富了我们的分析性治疗。她没有再次停止治疗，并继续接受年轻时放弃的教育，最终完成了培训，找到了有意义的工作。我不会描述所有的分析步骤，在我看来，这些步骤让她克服了主要症状，但我只想表达这样一种假设，即在我身上，她再次找到了一个符合Winnicott的概念的客体（Winnicott，1975）。多年来，有效的机制在她的潜意识中逐渐形成，最终得以识别。我现在想详细谈谈其中的一个机制，这将使我们能够回到我们的主题。从治疗一开始，她就提到了，在去我治疗室的路上，她会关注路过的人的眼神和谈话。很长一段时间以来，这些眼神和谈论都是可以理解和无害的，以至于我并不清楚其病理层面。年轻人和成年人注意到她不同寻常的吸引力是完全可以理解的。我花了一段时间才意识到，她反复提及人们在街上和公交车上的言论，暗示了其偏执反应。V 女士看到和听到陌生人对她在言语上的贬损时，这些言语与 V 女士通常对自己的评论完全相同——"你太瘦了""你太傲慢了""我们不希望你在这里"。每当 V 女士开始做新的事情时，就会出现这些贬损的幻觉，而当她退出时，这些幻觉就会消失。

在对待客体的立场上，V 女士在自恋狂和偏执狂之间摇摆不定。每当她接触一个新的客体（治疗开始时的精神分析师、转学到新学校、创作新作品）时，她的偏执防御就会被激活，以防止放弃最初的自恋立场，并将攻击性言语投射到陌生人身上，并最终说服她放弃这个客体。在她的想象中，那些在她去治疗的路上注视她、谈论她的人，就像是她冷漠的、自恋阶段的双重自我，让她害怕，把她推回到自己原有的世界中去。当她放弃时，内心的偏执情绪才会消退；而当她退缩了，不到情绪严重匮乏时是不会重新开始行动的。

这种自恋/偏执的机制是她在童年早期失去双亲和两个兄弟姐妹后，多次被同龄人拒绝的经历的重演。V 女士曾被诊断为偏执型精神分裂症；然而，我并不认可这一诊断。在我看来，她的精神分裂症性退缩更像是一种退行的解决方案，以克服对于被竞争对手摧毁的难以克服的恐惧。我无法发现如经典精神分裂症那样结构性的自我障碍。在她稳定的童年早期，就已经克服了自恋阶段，进入了肛欲期和恋母期，但并没有成长，那时她几乎失去了对她来说重要的一切。她幼稚的想象力创造了一种解释，即任何进一步的发展都会使她远离她失去的童年早期的天堂——一个她想回到的过去。但在过去，她似乎生活在一个公墓里，却希望有一个生动的未来。她也为自己的遭遇感到内疚。我认为由于这是她小时候唯一的解释，这一解释证实了其全能妄想使她陷入自恋阶段，也引发了她的自责，这种自责表现在分裂的超我部分，以"人们谈论她"的形式出现。她对兄弟姐妹的思念与对竞争伙伴的恐惧交织在一起，她也听到过竞争者对她的责备。根据 Freud 对双重自我的描述，我们可以将被 V 女士投射了"自责"的人称为她的双重自我。

这种妄想的经历支持了 Freud 的观察，即"被压抑的婴儿情结产生了不可思议的结果"。对 V 女士来说，它们令人感到痛苦和痴迷。

但有一天，她描述了一种不同的情况，她称之为不可思议的体验。在开始从事新工作后，她出现了上述妄想症。治疗过程中，V 女士充满了偏执性焦虑，而我主要是扮演一个提供现实检验的角色。那天，V 女士告诉我，她在拥挤的公交车上听到一名男子说了什么。起初，她听到"太拥挤了……所有这些工作！"以为他是在谈论她，直到她意识到"那个男人在喋喋不休，抱怨，看起来很冷酷"。她认为他遇到了麻烦，"不可思议"，并意识到车上的其他人也有同样的想法，试图远离他。然后她想知道我是否对她有类似的感觉。

她的叙述中有两件事给我留下了深刻印象。她首先描述了一种我们熟悉的妄想。她下班后上了公交车，听到一个陌生人对她的贬损，感到受到攻击，开始纠结于那个人可能知道一些有关她的事情，他会如何伤害她，她是否应该立即与他对抗。然而，这一次，她注意到，"他有点不对劲"，不仅与他保持了距离，而且与她一贯的偏执防御保持了距离。她还想知道，她是否会对我产生类似的令人不安的、不可思议的影响。既然那个男人大声说出了自己的想法，V 女士就有机会从外部观察她接触到的精神病理学。她确信，他并没有把注意力放在她身上，而是把周围的所有人都视为潜在的威胁。她觉得自己现在属于更健康的群体。她偏执的焦虑减轻了，这个有偏执想法的男人不是她偏执焦虑的对象，但对她来说，就像对所有其他乘客一样，变得不可思议。

Freud 在文章的开头写道，"一个人越是能在所处的环境中找着自己的定位，他就越不容易对环境中的客体和事件产生不可思议的印象"。对 V 女士来说，她体验到的这种不可思议的感觉似乎与其在环境中重新定位自身同时发生。这是矛盾吗？不。受精神病防御机制影响的人通常会让别人觉得有些不可思议。正是这种反移情的感觉，让我们能够检验到一个患者的精神病发病过程，而这个患者在其他方面的发展是成熟和稳定的。对于一个心智成熟和稳定的人来说，这种情绪只在少数情况下才会出现。但他可以将之归于实际威胁或实际无害的情况。

引发这种不可思议感觉的客体具有双重自我的特征。双重人格的起源是在自恋阶段，它最初保护自我，但前提是自我处于完全自恋阶段。一旦这一阶段被跨越，一部分自我就被留在了心灵的自恋领域，而剩下的自我则将注意力投注于其他客体并进一步发展。留下的自我部分变成了威胁性的双重自我。双重自我不再是守护神，而是死亡的预兆。后来 Freud 补充说，双重人格"可以从自我发展的后期阶段获得新的意义"，这是一种特殊的结构，他称之为"良心"，它参与形成自我，并与自我的其余部分，即超我对立。他扩展了替身的内容，以拥抱"所有被外部不利环境所摧毁的自我的冲突"。对 Freud 来说，双重性似乎包括了自我的所有部分，以及自我在不断发展阶段的努力，自我在通过压制、分离或征服走向成熟的道路上不得不放弃这些努力。因此，毫不奇怪，这种以真实形式出现的双重自我的现象会使我们感到不安。一个看起来像我们的人物，以至于我们想象它拥有我们被丢弃的所有秘密，就像一个精灵。此外，Freud 还指出，这种不可思议的现象具有更友好的一面。"双重自我"已变成了恐怖的事物，正如诸神在信仰崩塌后变成了恶魔的相貌。我们在日常生活中非常熟悉这一现象：如果友谊因未解决的冲突而结束，那么在众人中，过去的挚友也会变成我们真正的威胁或最大的敌人。当我们与两个不同的人打交道时，不会产生一种不安的感觉，因为我们认为他们是彼此不同的。在双重自我的情况下，重要的是，同一个人有两个难以区分的不同形象，正是这一点产生了不可思议的效果，就像上述两个例子中的玩偶一样。当我们遇到我们的双胞胎兄弟姐妹时，就会停留片刻，被这种不可思议的感觉所吸引。直到我们清楚地意识到，这个人不是我们的双重自我，或者不是一个活生生的独立自我，而是另一个与我们完全不同的人时，才会不再被吸引。当我们感受到这种不可思议的特质时，我们将其想象为 Freud 意义上的双重自我，即，作为所有被抛弃的自我斗争的化身，这些秘密逃离了它们的地牢，以活生生的形式与我们对抗。正如 Freud 所说，我们在环境中的方向越明确，那么越证明这只是一个短暂的瞬间。如果对一个充满活力的自我的想象没有被现实检验所抵消，而是像 Hoffmann 的《沙人》中的 Nathaniel 那样持续存在，那么这种不可思议的感觉将成为对迫害的恶魔般的恐惧。当 V 女士在公交车上遇到这名男子时，她受到了这种恶魔般的焦虑的影响。她第一次看到这个男人是她外化的、古老的、迫害性的超我的化身，在来找我的路上，她受到了他的贬损和谩骂。这个假设貌似解释得通，她自恋的双重自我和其竞争对手的双重自我之所以变得活跃，是因为她离开了自恋的退隐之地，并因发展到新的阶段而投入了新的客体。但后来她发现这个男人是有问题的，于是，她的投射停止了。当她意识到那个男人自身也患上了偏执焦虑症，他不仅向她施虐，也向其他所有乘客施虐时，她就不再偏执焦虑了。和其他乘客一样，她当时只觉得不可思议。根据 Freud 的文章，公交车上的偏执狂男子会在 V 女士和其他乘客的潜意识中化身为一种集体双重自我。我假设在这种情况下，双重自我是由一个从未被完全跨越的阶段引起的，这一阶段引发了全能妄想的早期阶段，并激发了希望摧毁所有对手的全能妄想。精神病患者之所以常常表现得不可思议，并让我们感到不安，是因为我们认识到了自己的这一核心，并且非常清楚被扭曲的现实的不可预测性。

V 女士第一次看到这个男人时，将他当作了一个双重自我，这个双重自我在她的一个尚未跨越的发展阶段对她进行了责备。这个阶段处于自恋阶段之后。随后她意识到，并不是她的投射激怒了这个男人，而是他在说一些贬低他自己的话。在她内心中，他在她的自恋阶段变成了另一个双重角色，而她小时候就已经跨越了这个阶段。但是她又因为相互冲突的动机退行到了这个自恋阶段。她说，我必须认为她是不可思议的，就像她认为他是不可思议的一样，这表明她能够与自己的偏执焦虑保持距离，并反映出如果她允许这种退行发生，她会像他一样。这似乎让她能够从外部角度看待自己的病态，走出自恋/偏执的机制，走向成熟。偏执的焦虑不再在她内心，而是在她面前。这让她稍稍远离了迄今为止反复发生的冲突。同样，孩子们更喜欢童话故事，一遍又一遍地讲述同样的冲突，这让他们在没有实际参与的情况下挣扎和想象。孩子们从外部处理这种模式，直到他们逐渐从当前的内部发展冲突中找到解决方案。正如 Freud 所暗示的，作家 Hoffmann 也在《沙人》的故事中上演了一场未被解决的内心冲突，即"作者与父亲的关系是他最敏感的话题"。Freud 投入小说中不可思议的方面，并利用作家的想象力来发现不可思议的因素，但并没有提到这些虚构故事为读者和作者提供的象征和升华的可能性，帮助他们处理其内部世界仍然活跃的冲突。

我认为，这种不可思议之意象代表了某种形式的对开始接触新事物的恐惧。如果触发因素来自一个尚未克服的阶段，而这一阶段的冲突被压制甚至被分裂，处于尚未解决的状态，这种恐惧在经过现实检验之后将会转化为一种安慰或合理的恐惧。

我想说，这种不可思议的感觉需要与被压抑的或被隔离的冲突保持一种恰到好处的距离，这种冲突就是引发不可思议感受的那一部分的具象化。当不可思议之体验被感受到时，就表明主体与冲突的原初体验之间已然产生了距离。没有这样的距离，就没有不可思议的感觉，只会有真正的恐惧。对V女士来说，感受到这种情绪是一种心智上的进步，表明她远离了之前的偏执焦虑。事实上，她在治疗过程中体验到了这种不可思议的感觉，这可能不是巧合，而是在身体和心理上，向着一个可靠的客体（这里是精神分析师）运动，这个客体长期以来一直在跟她讨论她与偏执焦虑的所有有形联系，并支持她寻求方法去克服反复出现的冲突。

Freud使用了许多文学和现实生活中的例子，试图对引发这种不可思议感觉的各种情况作出一个概括的定义。在该文章的结尾，他再次区分了两种不同的来源：来自"被压抑的婴儿情结"的不可思议之意象和"重新确认已克服的原始信念"的不可思议之意象。对Freud来说，"原始信念"包括全能妄想、愿望的即刻实现、秘密的伤害力量或逝者的回归，他补充道："如今我们不再相信这些事，我们已经超越了这种思维模式。"当这些不同的来源引发了这种不可思议的感觉时，它们也必然有一个共同点：对过去的回忆。"我们可以得出以下结论：当受到压抑的婴儿情结由某种印象引发时，或者当我们已经克服的原始信念似乎再次应验时，我们就会出现不可思议之感。"根据这一定义，我认为，V女士在公交车上被该男子激发的不可思议感在这两个来源上都有体现。

最后，我想强调Freud的一句话，这句话引起了我们如此清晰的共鸣："事实上，我不应感到惊讶的是，精神分析关注的正是揭示这些隐藏的力量，因此，精神分析本身对很多人来说已变得不可思议了。"由于渴望探测潜意识的力量，精神分析师将一次又一次地成为他人、患者、非患者甚至有时是同事的双重自我——一个双重自我，反映了其内心正在发生实际上应该被隐藏起来的事情。有时精神分析师自身也会成为不可思议的双重自我。

参考文献

Freud, S. (1917–1919). "Massenpsychologie und Ich-Analyse", GW, Band XIII, S.109–114 (Group Psychology and the Analysis of the Ego). In *The Standard Edition of the Complete Psychological Works of Sigmund Freud,* translated by Alix Strachey. London: The Hogarth Press.

Freud, S. (1917). "Das Tabu der Virginität", GW, Band XII, S.161–180 (The Taboo of Virginity). In *The Standard Edition of the Complete Psychological Works of Sigmund Freud,* translated by Alix Strachey. London: The Hogarth Press.

Freud, S. (1919). "Das Unheimliche", GW, Band XII, S.229–268 ("The Uncanny"). In *The Standard Edition of the Complete Psychological Works of Sigmund Freud,* translated by Alix Strachey. London: The Hogarth Press.

Kaës, R. (2008). *Le complexe fraternel* (The Sibling Complex). Paris: Dunod.

Steiner, J. (2013, December 14). *Der Mensch in seiner Unmenschlichkeit gegenüber dem Mensch: Feindseligkeit und Vorurteil* (Man and His Inhumane Behavior Towards Man: Hostility and Prejudice). Berlin: Vortrag zu Ehre Hermann Beland.

Winnicott, D. W. (1975). *"L'utilisation de l'objet" in "Jeu et réalité, l'espace potential"* ("The Use of an Object" in "Playing and Reality"), translated by C. Monod et J.B. Pontalis, coll. connaissance de l'inconscient. Paris: Gallimard.

《百年孤独》和临床中的不可思议之体验及时间的开始❶

罗辛·约瑟夫·佩雷贝格（Rosine Jozef Perelberg）❷

1. 介绍

Jose Arcadio Buendía 会在独自一人时，用"无限房间"的梦来安慰自己。他梦见自己从床上下来，打开门，走进一个完全相同的房间，一张相同的床上，床头栏杆也是用锻铁的工艺，一把相同的柳条椅，后面的墙上还挂着一幅圣母玛利亚的小画像。从那个房间里，他会走进另一个完全相同的房间，房门开合，就会出现另一个完全一样的房间；然后再进入另一个一模一样的房间，如此循环下去。他喜欢从一个房间走到另一个房间，就像在平行的镜中一样。直到 Prudencio Aguilar 触碰他的肩膀，继而，他会从那个房

---

❶ 本文的部分内容发表在《性、过度和表征：一个精神分析的临床和理论视角》(*Sexuality, Excess and Representation: A Psychoanalytic Clinical and Theoretical Perspective*)（Perelberg, R. J., 2019）中。感谢 Routledge 允许我在此使用本文。

❷ Rosine Jozef Perelberg 是英国精神分析协会的培训分析师，伦敦大学精神分析系客座教授，巴黎精神分析协会准会员。英国精神分析协会现任主席。此前，她在伦敦经济学院获得了社会人类学博士学位。她写过并编辑了11本书，包括《对暴力和自杀的精神分析理解》(*Psychoanalytic Understanding of Violence and Suicide*)、《女性体验》(*Female Experience*)（与 Joan Raphael-Leff 合著）、《弗洛伊德：现代读者》(*Freud: A Modern Reader*)、《时间与记忆》(*Time and Memory*)、《梦想与思考》(*Dreaming and Thinking*)、《精神分析的范式转变》(*The Greening of Psychoanalysis*)（与 Gregorio Kohon 合著）和《精神双性恋：英法对话》(*Psychic Bisexuality: A British-French Dialogue*)。她是《时间、空间、幻想与被谋杀的父亲》(*Time, Space and Phantasy* and *Murdered Father*)、《死去的父亲：重温恋母情结》(*Dead Father: Revisiting the Oedipus Complex*) 的作者。她在伦敦私人执业。

间回到上一个房间去，逆向而行。回到现实后，他在房间里看到了Prudencio Aguilar。但在他们将他带上床两周后的一个夜晚，Prudencio Aguilar在中间的一间房中摸了摸他的肩膀，他一直待在那里，以为这就是现实中的房间。

(García Márquez，1967 [1978])[143]

自古以来，一个人的起源之谜和性别差异就一直是人类惊叹的源泉。神话、文学、哲学和艺术都在探索人的起源相关问题的答案。Lévi Strauss（1967）将俄狄浦斯神话解释为包含了这个基本问题。根据Lévi Strauss的说法，这一神话试图调解一种个体的自生源属性与"任何人都是由一男一女结合而生"的知识之间的冲突。这个神话试图理解和阐述"一个人是如何从两个人中诞生"的问题。

在阿尔代什省的肖维-蓬达尔克彩绘洞穴（Chauvet-Pont-d'Arc Cave in the Ardèche）是世界上保存最完好的洞穴壁画之一*。其中原始人描绘了一个局部"阴道"的形象，由一对不完整的腿上的外阴组成。在阴道上方，与阴道接触的是一个野牛头，这使一些人将这种结合描述为一个牛头人（Thurman，2008）。这是对原初场景的描绘，还是对性别差异的描绘，还是对人类天生的双性恋的描绘？Freud认为，如出生、死亡、生殖器、母体、兄弟姐妹和原初场景，岩画可能是这些特定元素的象征。

在《不可思议之意象》一文中，Freud（1919）继续探索这些关键的奥秘。他寻求用多种语言翻译"不可思议"一词：陌生的、熟悉的、奇怪的、神秘的、阴险的、恶心的、令人惊讶的、可怕的、令人恐惧的。在研究这个词在其他语言中的意义时，Freud是否试图掌握不可思议的外来特性？我想起了Freud作品的一些片段，在其中，他诉诸并非他母语的语言。在Dora的案例中，当提到Dora的生殖器时，他说"真是直言不讳"（*J'appelle un chat un chat*）（Freud，1905）[48]；在1897年10月3日写给Fliess的信中，

---

* 位于法国东南部阿尔代什省的一个洞穴，因洞壁上绘有上千幅三万六千年前的史前壁画而闻名。——译者注。

当他提到看到母亲赤身裸体的那一幕时，他将她称为"*matrem*"（成熟的），将她的裸体称为"*nudam*"（裸体的）——这种外语表达可能是为了减轻他的乱伦欲望（Freud，1897）。在外语中寻找"uncanny"一词的含义是否已经引发了与 Freud 试图理解的现象相关的焦虑？

Lacan（2004）认为《不可思议之意象》是关于焦虑的优秀文本。不可思议之意象是指引发焦虑并混淆时间（过去、现在和未来）、内在和外在、男性和女性的事物（Perelberg，2016，2018）。这与禁止孩子们在晚上睡觉时知道会发生什么有关。Nathaniel 问道："妈妈，那个总是把我们从爸爸身边赶走的沙人是谁？"他的母亲回答："没有沙人，我亲爱的孩子。"我的理解是，她应该继续说道："你困了，眼睛睁不开，就像有人往眼睛里撒沙子一样。"（Hoffman，1817）[86-87]但不可思议的是正如这一回应所暗示的，孩子们不被允许知道。在黑泽明的电影《梦》（Sunshine through the Rain）中，黑泽明试图通过有趣的图像描绘他自己的一段梦境：一个男孩无视母亲的禁令，在雨天偷看森林里狐狸嫁女。从一棵大树后面，他看到了狐狸们缓慢行进的婚礼队伍。后来，他被狐狸们发现，于是，跑回了家。他的母亲在前门迎接他，说一只愤怒的狐狸从门前经过，并留下了一把刀。女人把刀给了男孩，告诉他应该自杀。她警告说，如果他得不到狐狸们的原谅，就必须自杀。对原初场景的了解受到死亡的威胁。Ignês Sodré（2018）提出了神秘、原初场景和死亡之间的联系。

Freud 明白，不可思议之意象是同一件事的重演；他探索了与母亲身体有关的不熟悉感：

每当一个人梦见一个地方或一个国家，并在梦里对自己说"这个地方对我来说很熟悉，我以前来过这里"时，我们可以把这个地方理解为他母亲的生殖器或她的身体。那么，在这种情况下，*unheimlich* 也是曾经的 *heimisch*，即熟悉的东西；前缀"*un*"是压抑的象征。

(Freud，1919)[245]

每个人都从母亲的生殖器里诞生。那么,如何处理这个乱伦的开始呢?Freud 在《日常生活的心理病理学》(*The Psychopathology of Everyday Life*)一书中提出:人们"所追寻之物永远无法被铭记",这是一个必须被归入不可思议范畴的东西。

我们还必须将在某些时刻和情况下曾经有过完全相同的经历,或曾经在同一个地方经历过的特殊感觉纳入奇迹和"不可思议"的范畴,尽管无论我们怎样努力,我们都未能成功地清楚回忆起上一次是什么时候产生这种感觉的。我意识到,当我把一个人在这种时刻产生的东西称为"感觉"时,我只是在遵循松散的语言用法。毫无疑问,这是一种判断,更准确地说,是一种感性判断;但是,这些事件都有自己的特点。我们不能忽视这样一个事实,即所追寻之物永远无法被铭记。

(Freud,1901)[265]

当然,一个人不可能记起自己的出生,也不可能记得离开母体的经历。文明的运作就是对人们施加了一种普遍的压制,特别是对 Cabrol 所称的原始乱伦的压制。色情的母性和原始诱惑是心理现实的基础(Cabrol,2011)。Cabrol 认为,出生创伤可能会被理解为原始母子乱伦的创伤经历,这种经历被文化所排斥,也被精神分析理论所掩饰。精神分析疗法对重生的承诺及对触碰的禁止是否会使这种原始的乱伦幻想存在于现实?这种不可思议的现象最终与对女性和女性生殖器的恐惧有关(Cixous,1976)。 Jabe Marie Todd(1986)认为,关于不可思议现象的描述以 Olympia 人偶为中心,这与 Nathaniel 对阉割的恐惧有着内在联系。

Hoffman(1817)在原文中将 Olympia 描述为"天生丽质""瘦削的""双手冰冷""木制的"和"幽灵般的外表"。Olympia 的机械性和冰冷的特质让人联想到相反的一面:有血肉之躯的女人,父亲的性伴侣,可能会受精(从而拥有内部鲜活的器官)并生育。

Freud 在其整个作品中提到了很多不可思议的事情。在《对于爱情心理学的贡献：处女禁忌》(Taboo of Virginity) (1918) 中，女性生殖器唤起了对阉割的恐惧，这是最原始的幻想之一。Freud 指的是 Hebbel 所写的悲剧《朱迪思和霍洛芬斯》(*Judith und Holofernes*) 中的 Judith。她的第一任丈夫在新婚之夜瘫痪了，从此再也不敢碰她了。当一位亚述将军围攻她的城市时，她引诱了他，在失去童贞后，她割掉了他的头，解放了她的人民。污名化一个女人需要控制女性的权力加之阉割的威胁。

在之前的一项研究中，我将这种不可思议的现象与孩子父母晚上发生的事情联系起来。这里有一个关于性欲化父亲的重要参考：

此外，我想指出，Freud (1919, 1920) 对不可思议之意象（"同一事物的连续不断的重现"）的探索以沙人的故事（Hoffmann, 1817）为中心。在这部短篇小说的第一部分中，主角 Nathaniel 回忆起他童年时对沙人的恐惧，据说沙人偷走了那些不愿睡觉的孩子的眼睛，并用它们哺育自己生活在月亮上的孩子。Nathaniel 开始相信，沙人是他父亲神秘的夜间访客 Coppelius，他是来进行炼金术实验的。

一天晚上，Nathaniel 躲在父亲的房间里一窥沙人全貌。Nathaniel 看到随后到来的 Coppelius 从火中取出什么东西，用锤子把它们敲成没有眼睛的脸状。Nathaniel 放声尖叫，Coppelius 发现了 Nathaniel，将他扔到壁炉上。一年后，Nathaniel 的父亲在一个晚上的实验中丧生，Coppelius 目睹了他的死亡后，消失得无影无踪。Nathaniel 发誓他会报仇。

在这个故事中，沙人代表了 Nathaniel 对他（夜晚）父亲的侵略性情感和幻想。这些都是超我的基础，超我源于一个人对权威的攻击性，在当前自我和超我之间的关系中重现（Freud, 1930）。Freud 在对不可思议之意象的分析中同时描绘了父亲和母亲。"同一事物的连续不断的重现"（Freud, 1919, 1920）是任何分析的素材。

在这里，Nathaniel 对"白天"父亲（被描述为"温和而诚实"）的看法和他对"夜晚"父亲形象的看法形成了鲜明的对比❶，他的面部因一些可怕的、痉挛的疼痛而扭曲得像令人厌恶的、恶魔般的面具（Hoffmann，1817）⁹¹。夜晚的父亲可以被理解为性的/恶魔般的父亲，然后变得像Coppelius——Braunschweig和Fain（1975）所述的"夜晚之母"的对应者。禁止母亲作为情人（夜晚之母）的概念强化了在没有"父亲法"（Law of the Father）干预的情况下直接接触母亲的可能性。沙人/Coppelius/夜晚、性、父亲的恶魔力量源自强迫性重复❷。

(Perelberg，2016)

因此，《不可思议之意象》提出了关于父亲、母亲的问题，女性和男性之间关于性的问题，以及关于父母在晚上发生的事情的问题。它激起的好奇心，指的是令人恐惧、受到禁止和令人厌恶的乱伦欲望。难道因为性行为的定义是不可思议的，"因此，一个人之前就有过这种经历"吗？乱伦是破解焦虑之谜的核心吗？

因为这种"不可思议之意象"实际上不是什么新的东西或舶来品，而是为我们的头脑所熟悉的古老之物，只是在压抑的过程中被我们疏远了而已。

(Freud，1919)²⁴¹

"当想象和现实之间的区别被消除时"（Freud，1919）²⁴⁴，这种不可思议的现象尤其容易出现。文学尤其可以用以创造这样的体验，这些体验意味着现实和幻想之间的"对悬浮关系的体验"（Derrida，1994）。一切皆有可能。这是一种在潜意识幻象和婴儿性行为的领域中的航行，由越轨和乱伦欲望定义，这些欲望被压抑、否定，被体验为我们自己的陌生者（Kristeva，

---

❶ "白天"父亲和"夜晚"父亲之间的反差是我的观点。
❷ 关于本文本的其他解释，请参见Cixous（1976）和Todd（1986）等的作品。

1991）。因此，不可思议之意象与精神分析研究的对象，即潜意识，有着深刻的联系，根据定义，潜意识既熟悉又陌生，从未完全可知。

熟悉和不熟悉的经历引发了期待和回顾的概念，这两个时刻隐含在变化的概念中（Faimberg，2005；Perelberg，2006，2007，2017）。Kohon（2016）[17]描述了不可思议之意象和时间性之间的内在联系，以及艺术和文学作品所唤起的不可思议之意象与过去、现在和创伤之间复杂的相互作用有关："过去的事件没有被赋予新的意义：重新赋义是一种已经被赋予的意义的重新激活，而这种意义最初并没有被记忆印刻下来……"

我想在一部拉丁美洲小说和一篇分析的临床叙事中探索这些不可思议的维度。Harold Bloom（1994）[3]认为，使一部伟大的文学作品成为经典的是一种"制造陌生感的独创性模式，一种既不能被读者同化，也不能同化读者，以至于我们不再认为它是陌生的模式"。

当阅读《百年孤独》（*Cien Años de Soledad / One Hundred Years of Solitude*）（García Márquez，1967[1978]）时，这种不可思议和惊奇的感觉无处不在，该书涉及重大和普遍的谜团，例如寻找一个人的起源、乱伦、族内婚、分离、生育和死亡❶。更具体地说，时间和一对用100年形成的夫妇之间存在着一种关系，这使得作者能够写出一部已经成为起源神话（a myth of origins）的小说。

《百年孤独》中，故事尚未开始时：

> 当时，马孔多（Macondo）是个有二十户人家的村庄，一座座土房都盖在河岸上，河水清澈，沿着遍布石头的河床流去，河里的石头光滑、洁白，像史前的巨蛋。刚刚建立的马孔多，天地如此新鲜，许多东西尚未命名，提起它们的时候还需要用手指指点点……这是一个真正幸福的村子；在这村子里，谁也没有超过三十岁，也还没有死过一个人。

---

❶ 这里描述的与《百年孤独》有关的大多数想法最初是在与 Bella Jozef 合著的论文中提出的（Perelberg et al.，2008）。

下面描述了次级过程的引入，与初级过程和潜意识的永恒相对。一位来访的牧师对单纯而有效的异教徒"自然法"体系感到震惊，决定留下来建一座教堂。"死亡推动了时间的流转。"小说讲述了各种机构的逐步建成以及从魔法到理性的转变。马孔多变成了一座"用镜子做墙壁的城市"（另一座城市的景观）。

2. 空间和时间的置换

叙事被置于过去，即便它在未来仍将发生（Jozef, 1974, 2005）。然而，我们知道一切，因为吉卜赛人 Melquíades 预言了这一切，他"以最微不足道的细节，提前一百年"写下了家族的历史（García Márquez, 1978）[421]。书中充斥着"多年以后……"这句话，这意味着故事讲述者是自由的，他知道自己正在讲述的故事，因此可以在叙事时间中来回漫步。

Vargas Llosa（1971）指出，叙事在一个循环中移动，从无差别的混乱到政治和社会组织，再回到混乱。小说通常会将读者带到未来的某个节点，然后回到事件发生的时候。这部小说的时间是同时发生的，这意味着，虽然事件持续了 100 年，但它们也存在于一个破碎的时间中（Green, 2007）。Melquíades 没有按照人类传统的时间顺序来安排事件，而是将一个世纪的日常事件集中在一个瞬间。因此，"不可能区分过去、现在和未来"（Jozef, 1974, 1986, 2005）。

故事开始于马孔多的建立，结束于其消亡。《百年孤独》中的未来总是伴随着回归的场景，回归到起点；同样的情况发生在未来的时间上。面对这个不断流动的时间，总有一段时间会给人留下永恒的印象——这就是让人留在 Jose Arcadio 梦境的中间房间的原因。正是在这个神话般的时刻，在 Jose Arcadio 的房间里，始终是三月，始终是星期一（p. 355）。

过去和现在的互换性通过生与死的互换性再现。在书的结尾，Ursula 在自己的房间里与死人交谈，"没有人确切地知道她是在谈论自己的感受还是记忆"（Garcia Márquez, 1967[1978]）[347]。正是这种互换性，让 Amaranta 在准备死亡时，主动提出给死者写信。在这本书的结尾，Aureliano 和 Amaranta Ursula 被夜间运输死者的车辆发出的声音惊醒。

　　本书被鬼魂缠绕。Jose Arcadio Buendía 的鬼魂长眠于栗子树下，因为每次当他失去理智时，人们就把他绑在那里。Ursula 经常去那里找他聊天，她习惯了独处。有一次，"她看到 Jose Arcadio Buendía，浑身湿透，悲伤地躺在雨中，比他去世时要老得多"（p.182）。当电影院被带到马孔多时，居民们不知道现实和幻想之间的界限。市长宣称，这是一个幻想机器，不值得任何情感回应。"这是一场复杂的真理和幻象的混合，使栗子树下 Jose Arcadio Buendía 的鬼魂焦躁不安，甚至在光天化日之下，他也在房子里到处游荡。"（pp.230-231）在 Melquíades 去世很久之后，好几代 Buendía 家族的后人都与他进行了交流。

3. 重复（以及孤独和死亡）

　　就起源神话的建构过程而言，重复这一主题是这部小说的核心，它赋予了叙事一种永恒的感觉。它创造了人们曾经有过而当下无法意识到的不可思议之体验。

　　Lévi Strauss（1968）[229] 曾经这样认为：

重复的作用凸显了神话的结构。因此，神话呈现出了一种"预制"（slated）的结构，可以说神话的主题是通过重复的过程而浮出水面的。然而，这些"预制"并非完全相同。由于神话的目的是提供一个能够解决矛盾的逻辑模型，理论上会产生无限的"预制"，每个"预制"都与其他的略有不同。因此，一个神话会呈螺旋式生长，直到产生它的心智冲动耗尽。它的生长是一个连续的过程，但它的结构仍然是不连续的。

　　但神话之所以具有操作价值，是因为它是永恒的："它解释了现在、过去和未来。"(Levi-Strauss, 1968)[209]这种对知识的追求，归根结底是对人类起源知识的探索。在俄狄浦斯神话中，存在着对这种探索的担忧，这一担忧被证明是灾难性的，导致乱伦、破坏和死亡。这也是 Nathaniel 探索的结果，正如他晚上不睡觉而是躲起来去看沙人，而这引发了一场灾难：其父在大火中丧命。《百年孤独》的一个首要主题是这样一种对知识的探索——最终由无法破译的手稿中的故事来说明。非常有趣的是，Melquíades 这个名字在希腊语中的意思是"国王的儿子"（在希腊语中"*Melq*" = 国王，"*iades*" = 儿子），暗示了俄狄浦斯故事的转变。

强迫性重复可以被视为一种潜意识的努力，试图突破压制障碍，试图打破族内婚和乱伦的规则。Aureliano 最终破译的文本在他获得这一知识的那一刻，为他提供了关于他的起源、命运和死亡的知识。

在 Buendía 家族，一切都在重复，这破坏了生与死的必然性。正如 Freud 在其文章中所暗示的，双重自我是一种达到永生的尝试。在《百年孤独》中，人物的名字相同，行为方式相同，志向相同。一切都在名字中重复：Jose Arcadio、Aureliano、Remedio、Amaranta、Ursula。即使是出现重复特征的迹象本身也会重复。在小说的结尾，吉卜赛人在回归前几年（甚至几个世纪）就来到了这里，他们带来了在当时令人惊奇的魔术。世代之间的差异经常被抹掉。这就是 Santa Sofía de la Piedad 照顾最后一个 Aureliano 的原因，"就像他是从她的子宫里出来的一样，不知道她是他的曾祖母"(p. 364)。这部小说在重复中，激起了一种对预示即将发生的事情的不可思议之感。

故事是围绕着一系列看似循环的叙事单元而构建的。Vargas Llosa 在小说中确定了 14 个这样的序列，每个序列都以一个关于未来事件的神秘陈述开始。例如："Ursula 必须做出巨大努力，以实现她的诺言，在它消失时死去。"(p. 339)然后，故事转到了遥远的过去，然后又回到了她真正死亡的那一刻："他们发现她是在耶稣受难日的早上去世的。"(p. 349)这种叙事是按照事件的重要关联来组织的。重点在于富有想象力的结构，或者 Vargas Llosa (1971)[545]所称的"衔尾蛇般的剧情"，这意味着进化和回旋的周期性过程——出生、成长、衰老和死亡——也象征着回归到最初。这本书的结构是对称的。它有 20 章：前 10 章讲述一个故事，后 10 章颠覆了前一个故事，就像一面镜子。这个故事本身也在 Melquíades 的手稿中重复。随着 Jose Arcadio 两个儿子的出生，叙事出现了分歧。在每一代人中，都有两种对立的趋势相互对抗（Aurelianos 性格内向，但头脑清醒；Jose Arcadios 虽然冲动，但具备企业家的素养），即便其地位在第三代中发生了颠倒。在每一代人中，Buendías 家族中就有一个人被枪杀，另一个则逃跑；一个会有孪生兄弟，另一个则不会；一个投身暴力，另一个则遭受其后果。

本章开头引用的梦境说明了小说的整体结构。这种重复序列有几个例子：

> 时间在她（Amaranta）织绣寿衣的指缝间流逝。在人们的印象中，她似乎白天织晚上拆，却不是为了借此击败孤独，恰恰相反，为的是持守孤独。(p. 264)
>
> Aureliano 制作的金鱼也呈现出同样的轮回："自从决定不再出售，他仍然每天做两条，等凑够二十五条就放到坩埚里熔化重做。"(p. 270)

这种重复标志着马孔多的轮回。在这几代继承人中，有几个人试图进入历史变革的领域：Aureliano 试图通过政治革命实现这一目标，Jose Arcadio Segundo 试图修建一条通向海洋的运河，Aureliano Triste 将铁路修到了马孔多。

4. 起源神话

这部小说可以被视为构建了一个起源神话。这是贯穿 Freud 作品的主题，因为他强调了人类对其起源的关注，并将斯芬克斯之谜解释为婴儿的源自之处。几位分析师（如 Róheim, 1946, 1950）对这一解释进行了拓展，他们认为狮身人面像是指父母的性交。Freud（1930）[74]认为乱伦禁忌可能是

"……对人类的性生活造成的最致命的伤害"。在很多文化中,神话中时间的基础与夫妻之间的交合有关。人类学家 Edmund Leach(1961)认为克洛诺斯的神话(the myth of Cronus)表明,时间的创造建立了差异的世界。在古希腊,性行为本身提供了时间的原始意象。

在《百年孤独》中,整个世界被重新创造,从创造到毁灭,仿造了亚当和夏娃的神话。其中一部是从《创世纪》(*Genesis*)开始的,在这部分中,Jose Arcadio 和他的妻子 Ursula 以禁欲的方式生活在一起,并为乱伦禁令的阴影所笼罩。Prudencio Aguilar 的死和这对夫妇对禁忌的反抗引发了《出埃及记》(*Exodus*)和关于 Buendías 家族的诅咒。他们试图到达"极乐世界",一个"潮湿和寂寥的境地,犹如'原罪'以前的蛮荒世界"(p.11)。如果这对夫妇进行圆房,则将有可能生出一个长着猪尾巴的孩子。这本书讲述了 Buendías 家族六代人的历史,在这段历史中,这对夫妇之间的关系是让人存疑的,并没有真正圆房,因此这一关系遭到了否认。

Aureliano 和 Arcadio 与同一个名叫 Pilar Ternera 的女人发生了关系,她为他们各产下一个孩子。然而,Arcadio 和被大家视作仆人的 Santa Sofía de la Piedad 结婚了。多年后,**他们忘记了她是他们的母亲,后来又成了家中的祖母**。在那一代人中,Amaranta 仍然单身一人,却隐藏着对其侄子的乱伦激情。她外表性感,但仍是处女之身。在下一代,Remedios 和 Arcadio 依然单身,而 Aureliano Segundo 和 Fernanda 结了婚——她冷漠、冷酷,在自己的世界里幽门久居,她活守寡,其一生中阴雨连绵(p.324)。在阴雨连绵的那几年里,再也没有人上街了。"如果 Fernanda 能够做到的话,……因为照她看来,房门发明出来就是为了关闭的,而对街上的事感兴趣的只是那些妓女。"(pp.324-325)因此,Aureliano Segun-do 与他的爱人 Petra Cotes 有着激情的关系,她和上一代的 Pilar Ternera 一样,是爱人,是性和生育的象征。与"合法"妻子 Fernanda 相比,她是一名自由和被爱的妓女。在下一代,Renata 和 Jose Arcadio 依然单身,Remedios 有一个名叫 Aureliano 的私生子;作为姑侄的关系,他和 Amaranta Ursula 最终验证了几代人之前预测的激情和乱伦关系。只有在这最后一对夫妻中,才能与一个女人达成"完全的关系",她既是妻子,也可以是母亲和情人。这将导致

Buendías 家族之人的死亡和灭绝。

书的开头描绘了一个"屏幕记忆"（screen memory）*："多年以后，面对行刑队，Aureliano Buendia 上校将会回想起父亲带他去见识冰块的那个遥远的下午。"Melquíades 来到这里，代表了他自己想要看到和知道的部分——Melquíades 带着望远镜和放大镜，Aureliano 将想要看到的东西用以下短句表达："用不了多久，人们不出家门就能看到世界上任何地方发生的事情。"对"想知道（他自己家里可能发生了什么）"的愿望是被禁止的，这表现在屏幕记忆和他现在或"多年后"面临的与行刑队之间的联系（行刑队＝禁止）上。

在《百年孤独》中，乱伦是原罪，小说讲述了族内婚与族外婚、知识与断交、乱伦与文化之间的斗争。每一代人都有斗争。**所有这些斗争似乎都围绕着夫妇之间的问题展开，即，夫妇可以合法地结合并生育孩子。**最后一代 Aureliano 是"一个世纪后唯一一个在爱中诞生的人"。知识和死亡结合在一起，构成了一个同步过程。在这本书的结尾，Aureliano 在羊皮纸中破译出密码的瞬间（p. 333），**这一结尾使这本书回到了开头。知识与死亡联系在一起**。当 Aureliano Segundo 与去世多年的 Melquíades 相遇时，Melquíades 拒绝翻译他的神秘手稿。"在手稿满一百年以前，谁也不知道这儿写了些什么。"（p. 190）

梦中的空房间与孤独紧密相连——这个词在整个故事中重复了 50 次。这些意象强调了人物的孤独，他们最终被隔离在空旷的空间中，就像 Jose Arcadio 梦中的空房间一样。他们在空荡荡的房间里感到孤独，这可以理解为无法找到父母在一起的房间，因此避免了解到父母交合的知识。中间的房间代表了一种心灵退却的位置，在那里，这种现实可以被否认。在重复的轮回中，避免了对三维顺序的识别，因为平行反射镜只能相互反射。

因此，封闭是对外部经验的防御，也是对分离体验的斗争。当 Jose Arcadio 将他的爱人与他的母亲 Ursula 混淆时，他已经达到并正在经历一种全

---

* Freud 于 1899 年提出，是指个体对其童年时发生的、与某种重大事件存在一定联系的平凡琐事的记忆。——译者注。

新和古老的存在状态。"他正在进行一种原始的行为，这是他很长一段时间以来一直想做的，伴随着恐惧和困惑的焦虑，并唤醒了他那可怕的孤独感。"Garcia Márquez 将 Arcadio 随后的夜间朝圣和性结合描述为"她每晚都要穿过迷宫般的房间"。他被一种"对世界的恶毒仇恨"所感染，这是一种对不和谐的仇恨，他继续渴望女人的安慰，她通过反对子宫般（womb-like）的控制，从而定义了与母亲的原始分离感。

下一代的 Jose Arcadio Segundo 梦见自己将要离开：

他梦见自己走进一幢空空的房子，墙壁雪白，还因为自己是第一个走进这房子的人而深感不安。在梦中，他记起前一夜以及近年来无数个夜晚自己都做过同样的梦，知道醒来时就会遗忘，因为这个不断重复的梦只能在梦中被想起。(p. 271)

雪白墙壁的空房子象征着与理想化的母亲乳房的关系，象征着对乱伦关系的幻想——Chasseguet Smirgel（1976）将其称为古老的恋母情结。它属于个人历史上的古老时期，被压抑的障碍阻挡在意识之外——除了梦本身，梦本身是无法被记忆的。

《百年孤独》既是一个神话，也是一种对回归原始关系的渴望。Freud 认为，激情的性交构成了对主要客体的重新发现。小说的结尾包含了一段乱伦关系的激情，它带来了时间的开始和结束。在阅读这部小说的多年后，我仍然充满了惊奇、惊讶和欢笑❶。Todorov（1970）认为，这种不可思议之意象提供了一种极限体验——这是 Edgar Allan Poe 的作品以及 Dostoevsky（Royle，2003）[18] 作品的特点，我认为这也是 Garcia Márquez 的作品的特点。

在原初场景中，寻求理解一个人的起源和父母之间关系的本质是我们的患者接受分析的核心。

---

❶ Royle（2003）[2] 认为"不可思议的事情永远不会远离喜剧"。

5. Khalish

　　一个人怎么能来自两个人？被两个人创造出来的一个人就能变成一个人吗？

　　一个名叫 Khalish 的男人疑虑重重地走进我的咨询室，他高个黑发，身形苗条。当他坐在我面前时，其身体似乎是被移植到一双瘦长的腿上的，在那里，他歪坐着，局促不安。他谈到了他是否应该和他发展五年的伴侣 Mary 同居的问题。Mary 是一位德国女性，Khalish 是在布鲁塞尔住的一年中第一次见到她的。他从不确定自己是否想和她住在一起；事情就是这样发生了。他的母亲很是喜爱她，告诉他需要试一试。他母亲的愿望成为这个事件的基调。但他不知道自己想要什么。他不知道自己应该继续和她一起还是分开。

　　他也不确定自己是否会留在伦敦，因为他讨厌做商业律师的工作，认为自己应该回到布鲁塞尔，那里是他母亲和三个姐妹居住的地方。在第一次咨询中，他告诉我他患有眩晕症。大约 15 年前，其父母离异。与此同时，他会担心周围的建筑物倒塌。父母的离异让他感到维持其生活的结构崩塌了。他把这种感受与双子塔的倒塌联系起来。似乎有关父母之间原初场景的记忆像双子塔一样倒塌了。

　　Khalish 每周至少都会出现一次眩晕的发作。这一身体感受传递给我一种无以言表的焦虑感。

　　我们从每周一次的咨询开始。在这段时间里，Khalish 在摔伤了肩膀和膝盖后，又因几次连续的摔跤摔断了自己的脚。几周以来，他都是拄着拐杖来到我的咨询室的。我们在一次视频咨询之后，他再次感到眩晕发作，在由此引发的摔跤中，他的肩膀受伤。由此，我自己也随着他的身体骨折部位的增加而日日焦虑起来。

咨询过程

在我们开始工作几个月后，Khalish 结束了与 Mary 的关系。这开启了一段相当混乱的时期。咨询中我们讨论的主题是，他周围的女人引诱他，而且不论任何年龄：一个年长的女人离开了他，然后是几个年轻的女人，他会在酒吧和俱乐部跟她们见面。在这样的遭遇之后，他感到非常抑郁和沮丧。很明显，他并不是想要迫切地离开伦敦，所以我建议将分析增加到每周三次，让他躺在沙发上。他立即同意了。

在他躺在沙发上进行分析的头几个月里，Khalish 与女性的激情活动有所增加。他会告诉我某个周末发生的各种性行为。她们都是生活在伦敦的外国妇女。我向他解释了移情性的反应。这些遭遇的一个方面是，这些妇女似乎选择了他，因为他觉得他母亲为他选择了 Mary。**在我们的移情关系中，这个过程似乎也在以某种方式重复。因为是我引诱着他每周三次来我的治疗室，并且让他躺在我的沙发上。或者也是他在诱惑我？**

身体的碎片化

Khalish 一年后告诉我，多年前他还是个孩子的时候，发生在他和他妹妹之间性虐待的事情。以前，他们常常在晚上赤身裸体地亲吻对方，而且绝对地，尽可能长时间地憋住呼吸，完全静止不动。Khalish 告诉我这些经历时非常沮丧，因为他比她大，应该负更多的责任❶。

然而，分析只进行了两年，Khalish 告诉我，在过去的两年里，他对变性人很感兴趣。这一想法给了我一种不可思议的感觉，好像我应该已经知道了。我做过一系列的梦，在梦里我认为自己是由男人代表的，他

---

❶ 在另一篇论文中，我更详细地指出了这些事件的披露过程，以及材料在分析过程中的非常缓慢的出现方式（Perelberg，2018）。

自己可能是一个女人，这一点反复出现在我的脑海里。这些梦常常让我感到困惑，让我无法理解和解释。在随后的分析中，Khalish 告诉我他和变性人的遭遇。然而，很明显，他在谈论的是那些保留阴茎、打扮成女性的男人。而遇到那些通过手术摘除阴茎的人时，他会对此感到失望。

在 Khalish 告诉我他对变性人的渴望的那一系列治疗之后，他的思想集中在了他的父亲身上。

P（患者）：圣诞节，我父亲给了我一本书，内容是一个男人多年来寄给情妇的信。他想让我们都读一读，并在书中做一些注释。他最后再读，同时阅读我做的那些注释。我认为他的想法很有趣。

A（治疗师）：了解你父亲的激情……

P：是的！他选择这本书的事实很有趣。这是一本关于秘密的书。我的母亲从小就一直说"一切都变得可知了"，我们最终知道了一切……

我父亲选了一本关于秘密的书。

（沉默）

P：这本书选得好。

A：也许是为了让你发现父亲性生活的本质？……

（沉默）

P：也许我现在可以用不同的方式，而不是以我母亲的方式听他说话。

A：他们正在变得更加分化，更少纠缠，也许对你来说，这不是变性人的形象。

（接下来是一段长长的沉默）

在上述治疗几周后，Khalish 注意到，距离他上次出现眩晕症状已有一段时间了。几个月来，他也没有受伤。"也许我的脚更稳了"，他评论道。

异化认同：被谋杀的父亲和死亡的父亲

对 Khalish 的分析逐渐揭示了，他是怎样体验到母亲要求他持续成为其自恋满足的客体。他必须拒绝自己对父亲的任何渴望。父亲作为母亲的情人（Braunschweig et al., 1975）被抹杀了。

许多研究者（Green, 1993; Kaës, 2009; Laplanche, 1989; Perelberg, 2016）已经表明，母亲和孩子之间具有情欲与自恋的捆绑需要一种消退的工作：母亲需要"离开"，这样，在她不在场的情况下，孩子就可以在内心创造出表象和幻想的生活。

在这种分析的背景下，从内部世界中出现的古老形象——有着阴茎的女人——被理解为母亲和父亲相结合的客体。

我已经在其他地方指出了被谋杀的父亲和死去的父亲之间的区别（Perelberg, 2009, 2011, 2013）。在被谋杀的父亲这一情景中，个体很难象征性地想象父亲在原初场景中的角色。这与死去父亲的情景形成对比，在死去父亲的情景中，父亲作为象征性的第三者而被内化。Khalish 在分析中呈现了一个被谋杀的父亲的形象，他被囚禁在母亲欢愉的时间维度中。其父一开始的形象就像 Coppelius，他晚上来偷孩子们的眼珠。也许在我们共同工作的这段短暂时期即将结束时，有迹象表明这位象征性的、死去的父亲的形象开始在 Khalish 的内部世界出现了。

Khalish 最初有意识地隐瞒了自己的一些想法，这表现在他正保守着小时候妹妹遭受性虐待的秘密，还表现在他对自己潜在同性恋身份的心理问题上。因此，他面临着羞耻和内疚的问题。然而，他在分析开始时发生的意外，即腿部、膝盖和肩部受伤，以及他在过去 15 年中持续经历的眩晕，都表明了其内在尚未达成和解的冲突。

在这一分析中，在一系列戏剧性的环节里，变性人成为原初场景的结合客体❶。在联想的过程中，它代表了母亲的身体和父亲的身体（阴道和野牛？）之间缺乏分离。分析中出现的这一意象，给潜在的焦虑带来了意想不到的影响。它在叙事中的表现形式给我带来了不确定性。我以前知道这件事吗？解释和联想的顺序是否能让我预料到这即将发生？当 Khalish 说"过去两年我一直被变性人吸引"时，我所体验到的是，他说这句话的时候，好像我已经知道了一样——但这是他第一次这么说。

这是不可思议之意象的爆发吗？Freud 在《不可思议之意象》一文中以 Schelling 的话结尾："'*Unheimlich*'是对一切本应被隐藏和视为秘密却暴露出来的事物的称谓……本应保持隐秘却暴露于人前。"（Freud，1919）[224] Nathaniel 爱上了娃娃 Olympia，Freud 认为这"不过是 Na-thaniel 在婴儿时期对父亲的女性态度的具象化"。Freud（1919）[233] 说：

在这种情况下，出于阉割情结，这名年轻人被拴在其父亲身上，而没有能力去爱一个女人。这种心理学上的真实性经由很多对患者的分析而得以充分证明，这些患者的故事虽然没有那么奇幻，但其悲剧性却几乎不亚于这名叫作 Nathaniel 的学生。

同样，Khalish 也不能把自己托付给一个女人，因为他在寻找拥有阴茎的人。没有阴茎的女性是恐惧的根源。

即使在多年的临床实践中，那些分析中发生的意外，以及分析过程为以前从未表达过的事物**赋予实际形状的方式**，都会令我不断地感到惊讶。这些出乎意料的、不可思议的、戏剧性的时刻使病人和分析师都产生了焦虑。的确，有一种迷失的感觉，一种内在的质疑，即这是不是一个人已经知道或已经预料到的事情，尽管这种新的理解只是在回顾分析的过程中发生的（Perelberg，2006，2015，2016，2018）。

---

❶ Klein 在她的几篇论文中提出了父母结合的概念（Klein，1929，1930，1932；Spillius，2011）。1952 年，她将他的形象描述为"包含父亲阴茎或整个父亲的母亲；包含母亲乳房或整个母亲的父亲；父母在性交中不可分割地融合在一起"。

材料中不同层次逐渐出现，从身体症状到关于母体和组合客体的更古老的幻想。分析性建构揭示了更古老的材料。变性人的含义似乎具有异质性和多重性。带有乳房和阴茎的阳具形象表达了他渴望与一位古老的阳具母亲融合（其衍生形式是他将妹妹作为替代者，而在童年进行的深吻）。它代表了一场变革，一个组合客体的幻觉。

多年后，Khalish 带我们回到了时间的起点，回到了他的起源神话。在他的幻想中，他是一个组合客体性交的产物。在反复变革的过程中，分析过程使我们得以在一个**变革**的过程中进行**转化**。

Garcia Márquez 曾经说过，理想的小说应该"不仅因其政治和社会内容，还因其穿透现实的力量而令人不安；最好是，因为它有能力将现实颠倒过来，使我们能够看到现实的另一面"，或从多个角度看待现实。也许这也是精神分析的任务，它始终向我们展示了不可思议的体验，把我们带回到此时此地的时间起点，以及表达一种幻觉——非常频繁出现的奇怪感和恐怖感——以前从未存在过的幻觉。

于 伦敦，2018 年 10 月 30 日

参考文献

Bloom, H. (1994). *The Western Canon*. London: Macmillan.
Braunschweig, D., and Fain, M. (1975). *La Nuit, le Jour: Essai psychanalytique sur le fonctionnement mental*. Paris: Presses Universitaires de France.
Cabrol, G. (2011). Le refoulement de l'inceste primordial. *Revue Française de Psychanalyse*, 75 (December): 1583–1587.
Chasseguet-Smirgel, J. (1976). Freud and Female Sexuality: The Consideration of Some Blind Spots in the Exploration of the "Dark Continent". *International Journal of Psychoanalysis*, 57: 275–286.
Cixous, H. (1976). Fiction and Its Phantoms: A Reading of Freud's "Das Unheimliche". *New Literary History*, 7: 525–548.
Derrida, J. (1994). *Spectres of Marx: The State of Debts, the Work of Mourning, and the New International*, translated by P. Kamuf. London: Routledge.
Faimberg, H. (2005). Après-coup. *International Journal of Psychoanalysis*, 86 (1): 1–6.
Freud, S. (1897). Letter From Freud to Fliess, October 3, 1897. In *The Complete Letters of Sigmund Freud to Wilhelm Fliess, 1887–1904*, ed. J. M. Masson. Cambridge, MA: Harvard University Press, pp. 267–270.
Freud, S. (1901). The Psychopathology of Everyday Life. In *S.E.*, 6.
Freud, S. (1918). The Taboo of Virginity. In *S.E.*, 11.

Freud, S. (1919). The "Uncanny". In *S.E., 17*, pp. 217–256.
Freud, S. (1920). Beyond the Pleasure Principle. In *S.E., 18*, pp. 7–64.
Freud, S. (1930). Civilization and Its Discontents. In *S.E., 21*.
García Márquez, G. (1967 [1978]). *One Hundred Years of Solitude*. London: Picador.
Green, A. (1993 [1999]). *The Work of the Negative*, translated by A. Weller. London: Free Association Books.
Green, A. (2007). The Construction of Heterochrony. In *Time and Memory*, ed. R. J. Perelberg. London: Karnac, pp. 1–22.
Hoffmann, E. T. A. (1817 [1982]). The Sandman. In *Tales of Hoffmann*. London: Penguin.
Jozef, B. (1974). *O Espaço reconquistado* (2nd edition). Rio de Janeiro: Paz e Terra.
Jozef, B. (1986). *Romance Hispano – Americano*. São Paulo: Ática.
Jozef, B. (2005). *História da Literatura Hispano-Americana* (4th edition). Rio de Janeiro: Francisco Alves.
Kaës, R. (2009). *Les alliances inconscientes* (Unconscious Alliances). Paris: Dunod.
Klein, M. (1929). Infantile Anxiety-situations Reflected in a Work of Art and in the Creative Impulse. In *The Writings of Melanie Klein, Vol. 1*. London: Hogarth Press, pp. 210–218.
Klein, M. (1930). The Importance of Symbol Formation in the Development of the Ego. In *The Writings of Melanie Klein, Vol. 1*. London: Hogarth Press, pp. 219–232.
Klein, M. (1932). *The Psychoanalysis of Children: The Writings of Melanie Klein, Vol. 2*. London: Hogarth Press.
Klein, M. (1952). Some Theoretical Conclusions Regarding the Emotional Life of the Infant. In *The Writings of Melanie Klein, Vol. 3*. London: Hogarth Press, pp. 61–93.
Kohon, G. (2016). *Reflections on the Aesthetic Experience: Psychoanalysis and the Uncanny*. London: Routledge.
Kristeva, J. (1991). *Strangers to Ourselves*. New York: Columbia University Press.
Lacan, J. (2004). *Le Séminaire, Livre X: L'Angoisse*, edited by J. A. Mille. Paris: Seuil.
Laplanche, J. (1989). *New Foundations for Psychoanalysis*, translated by D. Macey. Oxford: Blackwell.
Leach, E. R. (1961 [1971]). Two Essays Concerning the Symbolic Representation of Time. In *Rethinking Anthropology*. London: Athlone Press.
Lévi-Strauss, C. (1967 [1969]). *The Elementary Structures of Kinship and Marriage*. Boston, MA: Beacon Press.
Levi-Strauss, C. (1968). *Structural Anthropology, Vol. 1*. Harmondsworth: Penguin.
Perelberg, R. J. (2006). The Controversial Discussions and *apres-coup*. *International Journal of Psychoanalysis*, 87: 1199–1220.
Perelberg, R. J. (2007). Space and Time in Psychoanalytic Listening. *International Journal of Psychoanalysis*, 88 (6): 1473–1490.
Perelberg, R. J. (2009). Murdered Father, Dead Father: Revisiting the Oedipus Complex. *International Journal of Psychoanalysis*, 90: 713–732.
Perelberg, R. J. (2011). "A Father Is Being Beaten": Constructions in the Analysis of Some Male Patients. *International Journal of Psychoanalysis*, 92: 97–116.
Perelberg, R. J. (2013). Paternal Function and Thirdness in Psychoanalysis and Legend: Has the Future Been Foretold? *Psychoanalytic Quarterly*, 82: 557–585.
Perelberg, R. J. (2015). On Excess, Trauma and Helplessness: Repetitions and Transformations. *International Journal of Psychoanalysis*, 96 (6): 1453–1476.

Perelberg, R. J. (2016). *Murdered Father, Dead Father: Revisiting the Oedipus Complex*. London: Routledge.

Perelberg, R. J. (2017). Negative Hallucinations, Dreams and Hallucinations: The Framing Structure and Its Representation in the Analytic Setting. *International Journal of Psychoanalysis*, 97 (6): 1575–1590.

Perelberg, R. J. (2018). The Riddle of Anxiety: Between the Familiar and the Unfamiliar. *International Journal of Psychoanalysis*, 99 (4): 810–827.

Perelberg, R. J., and Jozef, B. (2008). Time and Memory in *One Hundred Years of Solitude*. In *Time, Space and Phantasy*, ed. R. J. Perelberg. London: Routledge.

Róheim, G. (1946). The Oedipus Complex and Infantile Sexuality. *Psychoanalytic Quarterly*, 15: 503–508.

Róheim, G. (1950 [1973]). *Psychoanalysis and Anthropology*. New York: International Universities Press.

Royle, N. (2003). *The Uncanny*. Manchester: Manchester University Press.

Sodré, I. (2019). The Uncanny Is the Thing With Feathers (On the Primal Scene, the Death Scene, and 'Fateful Birds'). In *On Freud's "The Uncanny,"* ed. Catalina Bronstein and Christian Seulin. New York: Routledge, pp. 116–131.

Spillius, E. B. (2011). Combined Parent Figure. In *The New Dictionary of Kleinian Thought*. London: Routledge, pp. 271–272.

Thurman, J. (2008). First Impressions: What Does the World's Oldest Art Say About Us? *New Yorker*, 23 June.

Todd, J. M. (1986). The Veiled Woman in Freud's "Das Unheimliche". *Signs*, 11: 519–541.

Todorov, T. (1970). *The Fantastic: A Structural Approach to a Literary Genre*, translated by R. Howard. Ithaca, NY: Cornell University Press.

Vargas Llosa, M. (1971). *García Márquez. Historia de un Deicidio*. Barcelona: Barral Editores.

弗洛伊德的《不可思议之意象》和《莱昂纳多·达·芬奇和他对童年的一个记忆》：重新评估本能驱力

乔治·L. 阿乌马达（Jorge L. Ahumada）[1]

自 1919 年 Freud 发表《不可思议之意象》以来，一个世纪过去了。Strachey（1955）[218]说，它来自可能早在 1913 年就写好的一份旧文稿。后来被 Freud 从抽屉里翻了出来，然后重新书写。因此，其原始版本先于他 1915 年发表的元心理学论文。而重新编写的版本中出现了后来发展的明确线索，在欧洲大陆被称为第二个主题，在英语领域被称为结构理论："良知"是自我理想、超我、重复强迫，以及侵略力量（不久后，这一概念导致他引入死本能）的先驱。这是一份跨越重大概念转变的过渡性文件。第一次世界大战结束后，在其出版几周后，Freud 写信给 Lou Andréas Salomé："我选择了以死亡为主题的材料，我一直在思考一种奇怪的本能冲动理论。"（Colin Rothberg，1981）[560]我的目标是从这篇过渡性论文和他的《莱昂纳多·达·芬奇和他对童年的一个记忆》（Leonardo）（Freud，1910a）开始重新思考本能冲动。

Freud 将这种不可思议之物（uncanny）——字面上的"邪恶"（unhome-

---

[1] Jorge L. Ahumada 是阿根廷精神分析协会的培训分析师，英国精神分析协会杰出研究员，曾任《国际精神分析杂志》拉丁美洲版编辑（1993—1998）。他曾于 1996 年在纽约获得 Mary S. Sigourney 奖，并于 2013 年在布拉格国际精神分析协会大会上担任"会见分析师"演讲人。Ahumada 是《心灵的逻辑：一份临床案例的观察》（The Logics of the Mind. A Clinical View）（2001）和《洞察精神分析知识论文集》（Insight. Essays on Psychoanalytic Knowing）（2011）的作者。并且和 Luisa C. Busch de Ahumada 共同撰写了《接触自闭症儿童：五项成功的早期精神分析干预》（Contacting the Autistic Child. Five Successful Early Psychoanalytic Interventions）（2017）。

ly)——与令人恐惧的东西联系在一起，引发了让人排斥和痛苦的感觉。"*heimlich*"一词并不明确，它意味着熟悉和令人愉快的东西，也意味着被隐藏在视线之外的东西（1919a）[224-225]。因此，它朝着矛盾的方向发展，最终与其反义词"*unheimlich*"（1919a）[226]重合。Freud 提到"怀疑一个看似有生命的存在是否真的活着"，作为一个引起不可思议感的例子；或者反过来说就是，怀疑一个没有生命的物体是否实际上是有生命的（1919a）[226]。它的文学用途让读者无法确定某个特定人物是人类还是机械人偶。Freud 认为 E. T. Hoffmann 在其叙事中使用了这种技巧，主要体现在《沙人》这部作品中。

1. 沙人

主人公，学生 Nathaniel，虽然目前很快乐，但为童年的记忆所困扰，这个记忆即，他亲爱的父亲神秘而可怕的死亡。Freud 说，母亲有时会用"沙人要来了"的警告，让孩子们上床睡觉。然后有一个令人沉痛的线索，他们家来了一个访客，其父与访客相处了几个小时。当 Nathaniel 问起这件事的时候，母亲说沙人只是一种说话方式，但一位保姆补充了一个可怕的细节：那是一个邪恶的人，当孩子们不愿意上床睡觉的时候，他就会来，往孩子们的眼睛里撒几把沙子，他们的眼睛就从脑袋上鲜血直流地迸溅出来。然后他把眼睛装在袋子里，带到月亮上喂给他的孩子们吃。他的孩子们端坐在自己的巢穴中，他们的嘴像猫头鹰的喙一样状如尖钩，专用来啄食顽皮少男少女们的眼睛。恐惧占据了 Nathaniel 的内心，据 Colin-Rothberg（1981）所说，Nathaniel 的年龄在 7 到 10 岁之间，躲在他父亲的书房里，想找出答案。他认出访客是令人厌恶的律师 Coppelius，他偶尔会来他们家吃饭。当两人在一个发光的火炉前工作时，Coppelius 喊道"把你的眼睛放到这""把你的眼睛放到这"；Nathaniel 的尖叫使自身暴露，律师赶来就要把烧红的煤渣撒进他眼里，并就要把他推向火炉时，Nathaniel 的父亲向他央求，才保住了 Nathaniel 的眼睛。这段经历也在 Nathaniel 得了一场大病后画上了句号。一年后，父亲在沙人再次来访时在书房的爆炸中丧生，沙人也从此消失了。

多年后，已成为一名大学生的 Nathaniel 遇到了他儿时的恐怖幽灵，他摇身一变，成了一名推销晴雨表的意大利配镜师 Giuseppe Coppola；他起初很害怕，但还是买了一个袖珍望远镜。他用它来观察街对面的 Spalanzani 教授的房子，窥视其美丽、沉默、静止的女儿 Olympia，他疯狂地爱上了她，并放弃了与自己订婚的未婚妻。不过，Olympia 是 Spalanzani 制造的玩偶，而沙人 Coppola 将他的眼睛植入了进去；就在这两人发生争执时，Nathaniel 走了进去，Spalanzani 将 Olympia 仍在流血的眼睛扔在 Nathaniel 的胸前，这使他陷入了疯狂，并将父亲的死亡和新的遭遇交织在了一起，并试图掐死 Olympia 的"父亲"——Spalanzani 教授。

在一场大病之后，Nathaniel 与未婚妻 Clara 和解，打算与她结婚。一天，在市政厅的高塔上，Clara 让他注意某个在街上移动的物体；当用望远镜看向那个地方后，Nathaniel 再次陷入疯狂，并大喊"旋转起来吧，我的木偶！"说着，还试图将未婚妻推向虚空；最终未婚妻的哥哥救下了她。律师 Coppelius 在街上再次出现：如 Freud（1919a）[229] 所说的那样，我们可以设想，这一场景使 Nathaniel 陷入了疯狂。当人们开始上前制服他时，Coppelius 笑着说："等一下，他自己会下来的。"在看到 Coppelius 之后，Nathaniel 跳塔而亡，沙人在这时则消失了。

Freud 评论说，作者努力让我们处于一种不确定的状态，不知道他是把我们带入真实的世界，还是带入一个纯粹的梦幻世界。但我们感觉到，他打算让我们也通过恶魔配镜师的望远镜来观察。对损坏或失去眼睛的恐惧代表了对被阉割的恐惧，而神话中的罪犯 Oedipus 的自我致盲是阉割惩罚的一种弱化形式；作为在 Nathaniel 与其所爱关系中的干扰因素，沙人"是可怕的父亲，他掌握着阉割的大权"。在一个脚注中，他大胆地说，机械人偶 Olympia 是"Nathaniel 在婴儿期对他父亲的女性态度的具体化"，他被这种情结奴役，这表现于他对 Olympia 毫无意义的爱。

2. 自我的多重性

Freud 接着谈到 Hoffmann 的小说《魔鬼的万灵药》，它被描述为晦涩难懂，错综复杂，处处涉及"双重自我"的主题，即自我的复制、分裂和互换。双重自我最初是抵御自我毁灭的一种保护措施，源于无限制的自爱，是初级自恋的特征，一旦在童年时期跨越了这一阶段，"双重自我"就颠覆了其原貌：曾经是不朽的保证，现在变成了不可思议的、对死亡的预兆。Freud 说，在初级自恋阶段过后，"双重自我"采取了一种特殊结构的形式，它站在自我的其余部分之上观察和批评，并对作为对象的自我进行审查：我们的"良心"（在受到监视的妄想型病理案例中，医生可以辨别出这种心理官能）变得孤立，并与自我分离。他说，这种批评性官能的自我批评属于早期的原始自恋；Hoffmann 描述的其他形式的自我干扰涉及"退行到自我还没有鲜明地与外部世界和他人划分开来的时候"。

另一个相关的主题——强迫性重复——来自 Freud 的个人经历：他在散步时三次漫游到意大利省城的一个红灯区；Freud 随即反思了这些偶然发生的事情——他对数字"62"细细品味，这是他当时的年龄。二十年来，Freud 一度认为自己会在这个年龄死去。他认为，非自愿的重复迫使人们想到一些决定性的和不可避免的事情，导致在潜意识中认识到一种"重复的强迫性"，这可能是本能冲动的固有性质，强大到足以推翻快乐原则。它使心灵的某些方面具有了恶魔的特征，并且仍然清晰地表现在那些幼儿冲动之中。这种"强迫性"也可对神经症患者分析的部分过程进行解释。 Freud 表示，凡是让我们想起这种内在的"强迫性重复"的东西，都会变成不可思议的事情。

在从 Schiller 的作品和鼠人中提取若干例子之后，出现了"对邪恶之眼的恐惧"这一主题，它通过一个眼神暴露了自己：人们害怕的是一种隐秘的伤害意图，其源于嫉羡并威胁到有效的行动。他说，这些例子源于"全能妄想"原则。对很多人来说，死者、灵魂和鬼魂的回归是极其不可思议的；尽管我们将之略微伪装，但任何刺激都会引发对死者的恐惧：死者是幸存者的敌人，并试图将其带离尘世。

当我们赋予某人以邪恶的意图和特殊的力量时，我们就会说他是不可思议的——Mephistopheles 就是这样。同样，癫痫和疯癫被认为是由未曾预料到的力量造成的；断开的残肢、被砍下的头颅、被切断的手暴露了它们与阉割情结的密切关系。因人表现出死亡之状而惨遭活埋的事情是所有事情中最不可思议的，它源自一种有关在子宫内生活的幻想——这种可怕的幻想只是由其他起初并不可怕而被后来某种淫欲快感充斥的幻想转化而来的。Freud 注意到抹去想象和现实之间的区别的不可思议的效果，这反映了精神现实对物质现实的过度强调，其本身与全能妄想紧密相连。最后，他提到了女性生殖器官的不可控性，即以前 *Heim*（家）的入口：每当有人梦到一个地方或一个国家，并在梦中对自己说"这个地方对我来说很熟悉，我以前来过这里"时，我们都可以把它解释为与其母亲的生殖器或身体有关——*unheimlich*（陌生的）是曾经 *heimlich*（熟悉的），前缀"*un*"是压抑的标志。

现在到了第三部分，即本文的最后一部分。出于相关内容和篇幅受限的考虑，我想说，Freud 曾指出，在小说领域，许多事情并不是不可思议的，但如果它们发生在现实生活中就会变得不可思议；在最后，他提出了"沉默、孤独和黑暗的因素"，这些因素在婴儿期的焦虑中如此突出，以至于大多数人从未完全摆脱过这种焦虑。

在以下内容中，我将重点讨论 Freud 所认为的精神分析中最晦涩难懂的方面，即，如何将本能冲动概念化。

3. 两种截然不同的 Freud 式叙事：Nathaniel 式和 Leonardo 式

Hoffmann 的作品中缺乏对母爱的提及，这在 Freud 对 Nathaniel 悲剧故事的叙述中最为突出。母亲在开始时被提到过一次：她宣告了"沙人"的到来，即便她说这只是一个故事；另一位女性，保姆，是"沙人"的代言人。此后，残酷的事件涉及男性：父亲和工作伙伴——律师 Coppelius，也就是"沙人"；配镜师 Coppola 和 Spalanzani 教授出现了，Freud 说，他们代表了两个父亲；因而，导致 Nathaniel 最后陷入疯狂并跳塔而亡的，还是律师 Coppelius。作品中的女性题材是有限的：除了曾提到的母亲和保姆外，还安排了 Olympia 的出现，即 Nathaniel 爱上——确实是疯狂地坠入爱河——的机械人偶，及其未婚妻 Clara，一位被描述为美丽而理智的女性，但没有产生积极的作用；Freud 指出，正是当 Nathaniel 试图与她结合时，才最终酿成大祸。

Freud（1910a）基于一篇回忆童年的文学作品，研究了 Leonardo 的性心理发展。它反映了 Freud 对同性恋患者的临床研究，这篇作品与 Nathaniel 的悲剧中缺乏慈母形象形成对比。虽然在这一段叙事中既没有提到婴儿早期，也没有提到早期创伤，但 Leonardo 的故事围绕着早期创伤展开，他被剥夺了与母亲之间充满爱意、充满激情的养育连接——Freud 认为"这是无以复制的最高程度的性幸福"。在 Nathaniel 的案例中，我们知道了其早期历史的唯一线索，它是对塑造其后期历程起着决定性作用的致病因素：俄狄浦斯情结和阉割情结。在 Leonardo 的案例中，Strachey（1957）[62] 着重描述了他早期情感生活的详细结构，以及对其性心理史的深入分析。这两种叙事的对比说明了精神分析中概念建构的复杂性。

Freud 把 Leonardo 的秃鹫幻想归结为对其吮吸期的回忆。"给孩子喂奶的母亲——或者更确切地说，孩子在其乳房上吸奶——已经变成了一只秃鹫，它把尾巴伸进孩子的嘴里"，其最显著的特点是："它把吸吮母亲的乳房变成了母亲的乳房被吸吮，也就是变成被动，从而进入一种其性质无疑是同性恋的状况"；据他说，对同性恋病人——包括类似于 Leonardo 但缺乏天赋的病人——的研究表明这种联系是亲密和必要的。他认为，在他研究的所有同性恋病例中，"在童年的最初阶段，对一个女性，通常是他们的母亲，有一种非常强烈的情欲依恋，后来被遗忘了"；当父亲缺席或不能胜任其角色时，这种依恋会得以加强，因此婴儿完全受女性的影响。出于某种仍未被发现的动机，他说：

男孩压抑着对母亲的爱：他设身处地，认同母亲，并以自己为榜样，以自己的形象选择新的爱恋对象。就这样，他成了同性恋。他所做的是重新陷入自体性欲行为：由于长大后，他现在所爱的男孩毕竟只是替代性的形象和自我的复活——他爱男孩的方式就像他小时候母亲爱他的方式一样。他沿着自恋的道路找到了爱的对象。

(Freud，1910a)[100]

Freud 补充说，这样做，男孩在潜意识中保留了对母亲的爱，并保持对这份爱的忠诚：在追求男孩成为其情人时，他逃离了其他女人，因为其他女人可能会导致他的不忠。另外，他认为，同性恋者将他们从与女性接触中获得的兴奋转移到男性对象身上，从而重复了他们获得同性恋的机制。

Freud 说，Leonardo 是否曾寻求过直接的性满足是值得怀疑的。他把英俊得惊人的年轻人当成学生，对他们无微不至，当他们生病时，他照顾他们，就像他自己的母亲照顾他一样。因此，他认为，同性恋的出现可以这样解释："正是通过与母亲的这种情欲关系，我成为同性恋者。"

接下来是 Mona Lisa del Giocondo 的恶魔般的微笑。Freud 说，它最完美地体现了主宰女性情欲生活的冲突：在矜持和诱惑之间，在专注的温柔和无情的性感（把男人当作异类来消费）之间。他说，在 Leonardo 心中长期沉睡的东西被唤醒了，他从未摆脱过这种感觉，不断被迫在两种性对象中赋予它新的表达方式：美丽的儿童头像再现了其童年时的样子，而微笑的女人则是其母 Catarina 的复制品，她可能是最早拥有神秘微笑的人：Freud 认为， Mona Lisa 的微笑包含"无限对温柔的承诺，同时也是邪恶的威胁"。

Freud 说，在《圣安妮与其他两个人》（St. Anne with Two Others）*中，微笑失去了不可思议的特性，表达了内心平静和幸福；画中描绘了 Leonardo 的两个母亲融合在一起。后来的两幅画作《施洗者圣约翰》（St. John the Baptist）和《巴克斯》（Bacchus）显示了雌雄同体的美丽男孩凝视着神秘的胜利，暗示了爱情的奥秘：Freud 大胆地说，Leonardo 否认了他性生活中的不快，这代表了男孩对母亲的渴望，他迷恋着母亲，在男女的幸福结合中实现了这一愿望。

几乎没有人提起过 Leonardo 父亲的身份。如前所述，只有在三至五岁

---

* 疑英译者笔误，应为《圣安妮与圣母子》。——译者注

时，他才有可能被带到父亲家；不仅父亲缺位，后来父亲的出现也对他起到了一种敌对关系的作用："任何一个在孩提时代渴望母亲的人，都必然会有想把自己放在父亲地位上的愿望。"在选择同性恋后，他对父亲的认同对他的性生活失去了所有意义。但在其他领域，这种认同仍继续存在：在早期的童年时代，他逃脱了父亲的恐吓，他对他的反抗以转向科学研究的形式摆脱了权威的束缚。关于他的性格，Freud 强调他是安静、平和的，他对所有人都温和、友善，他避免一切对立和争议；他也是不作为和冷漠的，他对性冷淡否认，并称性行为令人厌恶。

在这一点上，我们可以从概念上比较对 Nathaniel 和 Leonardo 的叙述，这两个故事在 Freud 写《不可思议之意象》时都在他的脑海中浮现：在 1919 年这一年，他为关于 Leonardo 的论文添加了两个脚注（Freud, 1910a）[114n,115n]。如前所述，Nathaniel 的故事中没有多情的母亲形象；尽管 Freud 对神经症患者对女性生殖器感到不可思议开了个玩笑，但他对渴望母亲的唯一暗示（即子宫内存在的幻觉），却奇怪地保持了沉默；因为这些曾经是所有人类的 *Heim*（家），"爱是家的病"（Freud, 1919a）[245]。由一群代表父亲的男性进行的行动，是一场肆无忌惮地对 Nathaniel 进行阉割的狂欢：沙人试图挖掉 Nathaniel 的眼睛，Coppola 用袖珍望远镜夺走他的理智，Nathaniel 试图勒死 Spallanzani，沙人再次用袖珍望远镜引诱 Nathaniel 自杀。正如 Freud 所指出的，这位文学家打算将行动锚定在现实中——现实中充满了纯粹的魔法元素，比如引发精神错乱的袖珍望远镜；但对精神分析师来说，这种文学效果被无限的、充满竞争的精神现实的爆炸性展开所取代。对 Strachey（1955）[5]来说，破坏性问题在《超越快乐原则》（Freud, 1920）中明确出现，但《不可思议之意象》是一个明显的跳板！

在关于 Leonardo 的叙述中，我们看到了一个完全不同的画面，它缺乏阳性竞争的暴力。这是对其早期生活的推测性研究，其核心是他与母亲的感情联系，这种联系的中断，随之而来的早期创伤，及其后来的影响，包括（潜在的）同性恋倾向。由于幼年时他的父亲不在身边，随之而来的是缺乏恐吓，俄狄浦斯情结和阉割焦虑滑向了背景：他的举止和关系中的攻击性也是如此。他的同性恋被归因于其父亲的缺席和缺乏对男性的认同，但最重要的是他在与母亲的哺乳关系中从主动转为被动："把吸吮母亲的乳房变成了母亲的乳房被吸吮，也就是变成被动，从而进入一种其性质无疑是同性恋的状况。"然后Freud认为，在内心深处，同性恋男人逃离其他女人，以保持与母亲相联系的特权；但这未能在概念上重新获得他在Mona Lisa的微笑中引起的东西，即与母亲的强烈矛盾的联系。"对无限温柔的承诺，同时也是邪恶的威胁。"（Freud，1910a）[115]

在生命的第二年，由于母亲的缺位，孩子对母亲的攻击性通过 *fort-da* 游戏表现出来：

一开始，他处于一种被动的状态——他被这种经历压倒；但是，通过重复这种经历，尽管它是不愉快的，但作为一种游戏，他采取了一种积极的态度。这些努力可以归结为一种掌控的本能，这种本能的作用与记忆内容本身是否愉悦无关。

然后他继续说道：

但还可以试图进行另一种解释。扔掉物品，使其"消失"，可能满足了孩子的一种冲动，即报复母亲离开了他，这种冲动在其实际生活中被压制了。在这种情况下，它将有一种挑衅的意思："好吧，那么，走开！我不需要你。我亲自把你送走。"

(Freud，1920)[16]

在《超越快乐原则》中——其初稿与《不可思议之意象》同时出现——*Bemächtigungstrieb*（掌控的本能）在儿童游戏中占据着重要地位，让儿童能够掌控其平日里碰到的小事故及其创伤性经历。

4. 关于本能的理论：本能驱动是在接触中不断发展的过程

关于 Leonardo 的论文以日常的、近乎经验的情感术语展开。之后在 1915 年的《超越快乐原则》中，Freud 将其概念化为口欲期。并在 1915 年将其添加到《性学三论》（*Three Essays*）的一个段落中，他介绍了"第一类前生殖器性组织被称作'口欲的性组织'，或者说是'食人的性组织'。这时，性活动和进食行为尚没有明确的区分，男女之间的差异也并不明显，一种行为的作用对象同时也是另一种行为的作用对象，人们的性目标是将性对象变成自己身体的一部分，这种心理层面上的认同感，对人类的心理发展具有重要的意义"（Freud，1905）[198]。他还说，在吮吸拇指的过程中，性活动与进食行为相分离，用位于主体自己身体中的对象代替了不相干的对象。在《超越快乐原则》中，他强调了本能理论的模糊性，谈到了性本能中的虐待成分。

在力比多组织的口欲期，获得对某一客体的情欲支配权的行为与该对象的破坏相吻合；后来，虐待狂本能分离出来，最后，在生殖器至上的阶段，为了繁殖，它承担的功能是，在进行性行为时压倒性客体的功能……只要最初的虐待狂没有经历过任何缓解或混合，我们就会发现情欲生活中熟悉的爱与恨的矛盾性。

(Freud，1920)[54]

那么，我们发现对口欲期有两种截然不同的描述，因为 Freud 在 1915 年和 1920 年的概念化尝试与他在 1895 年关于"投射"的论文中对满足体验的描述很接近（Freud，1950）[317-319]。在"投射"论文中没有提到母亲，只有一个"有经验的人"或"有帮助的人"；在 1915 年和 1920 年对口欲期的描述中也没有提到母亲，没有提到持续的影响："客体"是作为营养品的乳汁，可能是乳头，而不是母亲的爱。《超越快乐原则》转述了投射的神经生

理学印记。

这种内在的兴奋最丰富的来源就是所谓有机体的"本能"——这个词代表了所有产生于身体内部并且被传递到心理器官的力。本能的问题同时也是心理学研究中最重要然而又最模糊不清的内容。

(Freud，1920)[34]

在从地形理论向结构理论过渡的这一点上，本能驱力是在精神装置之外的，并以神经生理学的术语进行理论化。与此相反，《莱昂纳多·达·芬奇和他对童年的一个记忆》中对口欲期情感丰富的描绘没有神经生理学的图示。

归因于本性中的不知足、刚正不阿的性格和缺乏适应现实环境的能力（Freud，1910a）[133]符合Nathaniel狂热地与其父的替代品——千变万化的沙人——进行全面对抗的情况；但这是在他早期母亲缺位的框架下对冲动的限制。随之而来的是一场肆无忌惮的俄狄浦斯式的决斗，Freud将其推到Nathaniel的早期历史中，暗示机械人偶Olympia是其婴儿时期对父亲的女性化态度的具象化。

这种本性中的不知足、刚正不阿，及缺乏适应现实环境的能力，与高度紧张的本能冲突的极端情况相对应，这使我重新审视本能驱力的特性，这种重新审视在Leonardo案例中由从主动到被动的转变开始，到对本能的驾驭。正如我们所知，从 开始，Freud就致力于用充满能量的术语来把握本能冲动——作为可量化的内部刺激的电荷——这是遵循神经元放电模型的放电过程，并遵循Fechner的恒定性原则；这种概念性的主旨标志着Freud的理论尝试，而不是他的临床成果。正如《莱昂纳多·达·芬奇和他对童年的一个记忆》中所阐述的，本能驱动首先是情欲和情感接触的过程，这一点被几代精神分析学家视为理所当然的事。

那么，本能驱动从出生开始就是不断发展的接触过程，正如Salomonsson（2012）所指出的，当新生儿被放在母亲的肚子上时，他会在三十分钟内开始寻找乳头，并在母亲开始说话时转向母亲的脸；婴儿长到两周大的时候就会模仿成人的表情，并对此表现出兴趣。他认为，母亲和孩子之间的早期感官接触会激发两者的性欲，与 Freud（1910b）[42]不谋而合的是，他认为"孩子打出生开始就有性的本能和活动；他带着这些本能和活动来到这个世界"。他以他在婴儿和母亲治疗中看到的三个月大的病人 Frida 为例，通过临床材料证明了这一点。正如他所指出的，与寻找乳头相反，看母亲的脸并不是一种寻求进食的行为：因为妈妈脸上不会有奶源。

婴儿和母亲之间的情欲交流确实涉及器官接触，但并不总是如此。让我们回忆一下对一个刚满三个月婴儿的日常观察（Busch de Ahumada et al., 2017）[164-165]。坐在婴儿车里，宝宝非常开心，与祖母一起开怀大笑，其目光紧紧盯着祖母；随后，祖母的手机响了，她去接电话，与宝宝有几分钟没有联系。当她再次转向婴儿时，情况发生了巨大的变化：他愤怒地、拒绝地避开她的目光，当她试图靠近时，他转过头去；不过，宝宝仍与包括母亲在内的其他家庭成员联系十分活跃。好半天工夫，他才"原谅"了祖母，并重新接受了她的感情。在比较平静的情况下，当注意力从婴儿身上移开时，没有发生过类似的情况。几天后，由于宝宝的妈妈服用了一种有毒性的抗生素，所以突然停止给宝宝母乳喂养；取而代之地，给宝宝喂了一个星期的配方奶粉，然后再恢复母乳喂养。这名婴儿表现出了一些厌恶，但没有厌恶性退缩。在他六个月大的时候中断了母乳喂养，并顺利地用上了奶瓶，但每当母亲用奶瓶喂他的时候，若因接电话而转移了注意力，婴儿就会表现出愤怒的对抗性戒断——一年多以来都是这样，类似于他在第三个月时对祖母表现出的那种。因此，用 Melanie Klein（1936）的精辟术语来说，与他祖母的情欲狂欢破裂的小型创伤与在其母亲的喂养情况下保持一致，成为"情感中的记忆"。在与祖母的联系中发生的事件不能用"器官语言"（organ language）来恰当地描述：它是彼此情感"读心术"中的创伤性中断。

在这一点上，我要强调从第一个主题到结构理论的一个关键的概念转变：本能冲动不再被认为处于精神装置的外部；它们成为精神装置的组成部分，而本我是心灵的主体。此外，由于自我是本我的分化，与本我没有明确的边界，超我又是本我的延续，因此本能冲动在整个精神装置中与自我、本我和超我交织在一起。

Karl Abraham（1924）系统化的性心理发育的典型图示呈现出了本能阶段的展开，这些阶段的依次推进，是在性敏感区的连续生物驱动影响下进行的：口腔、肛门排出、肛门滞留、阴茎尿道，最后是性心理发展的顶峰阶段，生殖阶段。如上所述，1895年关于"投射"的论文以及1915年和1920年对口欲期的描述都没有提到母亲，也没有任何持续的影响："客体"是作为营养对象的乳汁，可能是乳头，而不是母亲的心理；在肛门排出期、肛门滞留期、阴茎尿道期和生殖器期，身体的物质排出在最前面；此外，本能阶段大多相互替代，尽管退行之路总是敞开——而且，最初的自恋被认为在后来的发展阶段被取代了。

那么，在儿童分析和婴儿观察以及当时未知的伦理学证据出现之后，关于精神分析的本能理论还能进一步补充什么呢？从进化的角度来看，自出生开始就影响到与关键同种动物（母亲）的交流，也就是动物行为学家所说的读心术（Griffin, 1992），是一种对相互的情感的"阅读"，对于本能的进化，包括性本能的进化是至关重要的。Freud在《精神分析新论》（*New Introductory Lectures*）中的一个后期声明中承认，"本能理论可以说是我们的神话学。本能是神话般的实体，在它们的不确定性中显得蔚为壮观。在我们的工作中，我们一刻也不能忽视它们，但我们从不确定我们是否清楚地看到了它们"（Freud, 1933）。不久，他又说：

无论我们通常如何小心翼翼地捍卫心理学与其他每一门科学的独立性，在这里，我们为不可动摇的生物学事实所影响，活的个体有机体受两种意图的支配，即自我保护和保护物种，这两种意图似乎是相互独立的，就我们目前所知，它们没有共同的起源，它们的利益在动物生命中经常发生冲突。实际上，我们现在所谈论的是生物心理学，我们正在研究生物过程的心理伴随物。正是为了阐述这个方面的主题，才将"自我本能"和"性本能"引入精神分析中。

因此，错误的陈述支配了 Freud 更广泛的生物学计划——其"生物心理学"。从 Darwin 开始，动物行为学证据表明，物种保护不是一种"意图"，即一种动机因素，而是一种随机结果，"大自然以性冲动和快感为饵"，物种保护是偶然的。动物将同一物种的成员视为配偶、竞争对手或性伴侣，在任何动物物种中，其个体成员都无法从概念上把握自己是某一物种的一部分，但人类除外。由于动物对物种没有概念，就不可能存在物种保护的本能，自我保护和性本能冲动的对立也就不存在了。Darwin 很清楚物种生存的随机性，但很多追随者都没有掌握这一点，Freud 也不例外。

另外，个体的自我识别在进化过程中出现得相当晚：用镜子进行自我识别测试，很少有动物——主要是大猩猩——表现出这种能力；就连黑猩猩也经常失败（Gallup, 1970; Susan-Rumbaugh et al., 1994）。一方面是与本能相关的战略思维，另一方面是自我反省思维的出现，两者之间存在着差距：因此，"丛林之王"狮子表现出敏锐的战略智慧，但没有自我认识的迹象。对自己作为个体的认识是自我意识的必要条件；它在进化过程中获得的时间非常晚，与我们精神分析师日常处理的病人自我意识的缺陷很吻合。

这样一来，我们可以不再提及 Freud 遇到的一个主要概念难题了，即自我本能与性本能的对立；Freud（1930）本人在《文明及其不满》(*Civilisation and Its Discontents*) 中说，"毕竟，虐待狂显然是性生活的一部分，在性活动中，感情可以被残忍所取代"。即使在没有性目的的情况下出现，"（施虐）本能的满足也伴随着极高程度的自恋享受"，这是因为对全能的古老愿望的满足。那么，侵略并没有超越快乐原则。竞争性的主宰权与性密切相关，这一点得到了人类行为学证据支持：在黑猩猩中，雄性大猩猩首领享有与所有雌性动物的性接触，而下属的雄性动物必须在其在场的情况下避免性交（Goodall, 1987）。另外，原发性自淫和原发性自恋可能会被推迟，因为新生婴儿从一开始就能认出母亲的声音。不过，爱和恨以及它们的变化仍然是心理发展的重点。

因此，精神分析理论变得更简单了——与 Freud（1920）[7]的箴言一致，即"在我看来，最不僵化的假设将是最好的"。重要的是，我们与其他动物物种的连续性得到了强调，这尤其关系到对婴儿的照顾及其多方面的要求：婴儿与母亲的情感交流和接触——Spitz（1964）称之为原始对话——是人类婴儿心理和本能发展的必要条件；Spitz 本人在半个世纪前就指出了当今社会在抚养孩子方面的惊人变化。

即使有可能，也几乎没有必要全然地分辨出什么是本能的，什么不是本能的：事实上，根据 Darwin（1879）一直以来所坚持的进化论，区分本能和理性远非易事，而这只能在每个案例中根据情况进行评估。自 19 世纪 80 年代以来，Freud 就一直是 Darwin 的忠实读者（Ritvo, 1990），他承认 Darwin 在第二次对人类自恋的打击（生物学的）上的领先地位，为他自己的第三次打击（心理的）开辟了道路（Freud, 1919b）[141]。Freud 认为本能冲动作为精神装置外部力量而发挥着作用，这一关于精神结构的最终概念比他早期的 Descartes 式的观点更具 Darwin 主义色彩：对后来的 Freud 来说，自我以及超我，都不能与本能冲动全然地分开。

Balint（1968）在 Freud 的著作中提出了三种仅被部分阐明的精神起源理论：原始自我情欲、原始自恋和原始客体之爱。如上所述，基于上述情况，对前两项的讨论完全可以告一段落了。那现在说说第三个概念"原始客体之爱"。正如其他地方所指出的（Busch de Ahumada et al., 2017），最初的融合的婴儿-母亲动力可以追溯到 Freud 后来的理论：在《自我与本我》中，他宣称"最初，在个体的原始口欲期，客体的投注和识别无疑是无法区分的"（Freud, 1923）[29]；在《文明及其不满》一书中，他坚持"最初自我包含一切，后来它将外部世界与自身分离"（Freud, 1930）[68]，在《发现、想法、问题》(*Findings, Ideas, Problems*) 中，他补充道，婴儿一开始**就是**乳房，后来，他把它当作与自己不同的东西来占据："'乳房是我的一部分，我是乳房'。只有后来，'我拥有它'——也就是说，'我不是它'……"（Freud, 1941）[299] 在我看来，这两种进化的动力——融合和客体关系——很可能从早期就并存：正如 Freud（1919a）[236] 在《不可思议之意象》中所写的那样，心灵的开端是"自我尚未与外部世界和其他人明显区分开来的时候"。为了继续这个话题，让我们重新回到 Spitz 的婴儿-母亲原始对话。重要的是，Justin Call（1980）强调，在早期阶段，婴儿是启动者和互惠的主要设计师，而母亲是追随者；沿着类似的思路，Winnicott（1963）[181]认为，客体必须被感觉是由婴儿创造的，它才能被发现：这样的陈述正好符合 Freud 的想法，即 *Bemächtigungstrieb* 所描述的 Leonardo 在婴儿时期的自发性。

在这种情况下，进化中本能冲动的原始客体是什么？概括来说，它最初不仅仅是乳房，更是母亲的思想和母亲的身体，在整个性阶段发展的相互作用中，一个持久的、从未完全完成的婴儿-母亲的心理分化过程开启了。根据 Freud 对"从主动到被动的可怕影响"的有关建议（Winnicott 和 Call 的建议也是如此），婴儿-母亲的心理分化过程必须注意到婴儿的情感需求，这种需求处于一种主导位置。这使得心理分化成为一个漫长而矛盾的过程：一方面，婴儿感觉的主动性和自发性（本能的掌控感）必须一直保持下去，以避免转向被动；另一方面，与母亲的心理分化是逆向发生的：它们涉及放弃全能感和接近抑郁状态；因此，正如 Joan Riviere（1936）所指出的，由于两端都潜伏着焦虑，因此，它们有可能成为潜在的创伤。

Freud 的本能的掌控感必须足够柔韧，才能在原始对话中维持婴儿的赋权，并从两个方面把握其偏差：母亲必须能够涵容婴儿对客体的攻击，Winnicott（1969）所描述的客体的存活，以及婴儿对自我的攻击，这种攻击会导致连接断开，使自我失去存在感，或重新致病。

对掌控的渴望所带来的紧张感在蹒跚学步的孩子身上显而易见：一个 14 个月大的婴儿在迈出第一步时，就会兴高采烈地从母亲身边直线跑开，接着，他无法转过身，突然觉得离他的"基地"太远了——用 Money-Kyrle（1968）的准确的术语来说——他放慢脚步，让自己趴在了地上，边哭边找妈妈；母亲走过来，把他抱起来时，一切就都好了。还有一些时候，他会绕一个大圈，然后，欢欣鼓舞地回归母亲的怀抱或趴在母亲腿上；但在一阵欣喜过后，他又不知疲倦地离开母亲的身边，这一幕将会一直持续下去（Ahumada，2006）。如何在与母亲的联系和独立之间适应这些反复的、充满情感的过程，这些过程以这样或那样的方式持续了整个生命吗？Eros 和 Thanatos 的二分法对这些内在联系提供了有限的指导，因为没有一个方面可以被视为比喻。从本能的掌控感的角度，即从婴儿"从与母亲的融合和被母亲吞噬中兴奋地逃脱"（Mahler et al., 1975）[71]的角度，可以更好地理解他自己在婴儿方面的活动所带来的崇高的权力。Freud（1919）[245]所提出的关于"将女性生殖器作为曾经的情感之家（Heim）的入口"的不可知性，指出了这些在性爱努力中的融合冲动，以及随之而来的对被吞噬的恐惧。在另一端，我们永远无法摆脱对情感之家（Heim）的情感需求，他提到了"沉默、孤独和黑暗的因素"（1919）[252]，我们无法完全摆脱这些因素。

在对自闭症儿童的治疗中，很容易观察到分化过程具有的潜在创伤：Sophia 就是一个类自闭症儿童，每当她与分析师的共生感觉破灭时，她就会在治疗过程中陷入明显的不安之中（Busch de Ahumada et al., 2017）[53]。Tustin（1981）称之为"二人危机"（crisis-of-twoness）：儿童、青少年和成年人每天都会发脾气。一个特例是欣喜若狂的情欲欢愉，正如我们三个月大的婴儿在与其祖母的狂欢式情感接触中所体现的那样，一旦祖母将注意力转移到别处，他就崩溃了：欣喜若狂的**情欲接触是一个高风险区，这里的情感依赖会变得夸张**，因此，这种事件很可能导致创伤和精神退缩，就像本例中出现的那样。

创伤的结果是恢复性的，它以各种形式的反依赖（counterdependency）出现在日常社会生活中：90 年前，在一篇不常被提及的论文中，Helene Deutsch（1926）郑重指出，越来越多的人通过参加体育活动从被动的感觉中走出来，从事高风险的运动，包括冒险，这是赋权的高峰。

正如 Jaime 所示，补偿在自闭症中最为常见。Jaime 是一名因精神创伤而患有自闭症的男孩，他在出生的第一年即将结束时，被母亲遗弃了两个月，从第二年开始他出现异装癖症状；通过模仿女性来认同他的母亲和姐妹以获得权力，这是他摆脱自闭症的一种方式：这种模仿表现为暂时的幻觉，常具有强烈的权威性，他对分析师愤怒地反驳道："我是母亲；我有孩子。"（Busch de Ahumada et al., 2017）[95]。因此，尽管他的精神动力学与 Leonardo 的密切相符,但在这里,源自创伤的母亲身份认同是在照顾他人方面,而不是在暗中进行的。这可以被理解为从被动到主动的过程,获得一种敌对和敌意的本能的掌控感,这是以牺牲 Leonardo 的男性性身份为代价的(如完全避免足球等男性游戏),并以牺牲与母亲的情欲联系和随之而来的难以忍受的依赖为代价的。在这两种情况下,创伤和相关的病理学都从口欲期开始,尽管其影响主要表现在穿越俄狄浦斯情结,随后在青春期,该病理学特征变得明显。如果上述说法是正确的,我们必须在我们的病人和我们自身处理两个领域的夸大,即情欲和攻击性;这些往往是在一起的,因为正如之前所说,欣喜若狂的情欲接触是一个高风险区,在那里,对对方的令人生畏的感情依赖很容易变成无法忍受的:那个三个月大的婴儿提供了一个早期的例子;在青少年和成年人中,这导致了对客体的善良的不容忍(Ahumada, 2004a, 2004b, 2004c)。Freud 敏锐地意识到婴儿早期与母亲的联系中的矛盾性,他也很清楚多情的关系如何深深地暴露了我们:"我们从未曾像我们所爱之时那样对痛苦毫无防备,从未像我们失去我们所爱对象或爱那样郁郁寡欢。"(Freud, 1930)[82]在我们的后现代文化氛围中,这种困境导致了性心理的分裂,性与爱的分离导致了平庸的、短暂的(如果经常是爆发式的)关系,以及在极端情况下,导致了一种以娱乐为主的性行为,其中性行为变成了匿名的(Paul, 2016;Ahumada, 2016a, 2016b, 2016c)。在这个层面上,事件被模仿性认同(mimetic identification)所支配,它"完全不考虑与人的任何客体关系"(Freud, 1921)[107]:这个概念被 Helene Deutsch(1942)和 Eugenio Gaddini(1984)重新采纳,在当前的社会文化环境中需要进一步关注。Freud 在 Leonardo(1910a)[117-118]谈及画作《施洗者圣约翰》和《巴克斯》时预见到了这种模仿:美丽的雌雄同体的男孩在神秘的胜利中凝视,体现了男性和女性本性的幸福结合。

Winnicott(1969)使用"客体的毁灭"(destruction of the object)的概念很好地说明了,驯服攻击性不是一件容易的事情:要想放弃一个人攻击的全能性,就要锻炼它,并且客体要能够生存。实现这一点引入了"对一个真实客体之爱的潜意识背景",需要长期的情感遏制;此外,正如 Freud 所指出的，儿童在他的游戏中得以掌控其日常事务及创伤经历。

在此基础上，我认为将对本能的掌控感归入"死亡本能"这一宽泛的概念是不恰当的：借用 Freud（1933）[95]的说法，死亡本能是一个过于神话化的实体，在其不确定性中过于宏大；它不容易适用于分离问题和焦虑，这些问题成了 Freud（1923）不久后出版的《自我与本我》一书中的核心，而且其本身太容易被用作解释的手段了。"死亡本能"这个词更适合于对侵略的夸张性表述，而不是侵略本身：它适合于极度愤怒，无论是针对客体，还是自我，无论是在政治层面上的群体过程中，还是在恐怖主义的情况下，都是如此。

最后，让我强调一下，我们在临床工作中遇到的是一种令人不安的混合体，它传递了本能冲动所经历的各种体验变化，而不是"纯粹"冲动——本能和创伤的混合体。在这种混合体中，创伤在"重复性强迫"的重复中起着良好的作用，即使不是主要的作用。因此，《不可思议之意象》中之所以存在持续不断的凶残的阳性之间的竞争（phallic rivalry），是因为长期的、创伤性的本能变化，以及缺乏一种起到缓和作用的与母亲之间的联系。

参考文献

Abraham, K. (1924). A Short Study of the Development of the Libido, Viewed in the Light of Mental Disorders (Chap. 26). In *Selected Papers on Psychoanalysis*. London: Hogarth.

Ahumada, J. L. (2004a). Musings on Neville Symington's Clinical Presentation. *International Journal of Psychoanalysis*, 85: 262–264.

Ahumada, J. L. (2004b). Response to Dr. Koblenzer. *International Journal of Psychoanalysis*, 85: 1003–1005.

Ahumada, J. L. (2004c). On Intolerance to the Object's Goodness. Response to Dr. Symington. *International Journal of Psychoanalysis*, 85: 1005–1007.

Ahumada, J. L. (2006). Le paradigme mimesis-autisme dans les psychopathologies d'aujourd'hui. In *Les voies nouvelles de la thérapeutique psychanalytique. Le dedans et le dehors*, ed. A. Green. Paris: Presses Universitaires de France, pp. 661–694.

Ahumada, J. L. (2016a). Insight Under Siege. Psychoanalysis in the Autistoid Age. *International Journal of Psychoanalysis*, 97: 839–851.

Ahumada, J. L. (2016b). Response to Robert A. Paul. *International Journal of Psychoanalysis*, 97: 853–863.

Ahumada, J. L. (2016c). Rejoinder to Robert A. Paul's Response. *International Journal of Psychoanalysis*, 97: 873–874.

Balint, M. (1968). *The Basic Fault: Therapeutic Aspects of Regression.* London: Tavistock Publications.

Busch de Ahumada, L. C., and Ahumada, J. L. (2017). *Contacting the Autistic Child: Five Successful Early Psychoanalytic Interventions.* London: Routledge.

Call, J. D. (1980). Some Prelinguistic Aspects of Ego Development. *Journal of the American Psychoanalytic Association,* 28: 259–289.

Colin-Rothberg, D. (1981). Inquiétante étrangeté. *Revue française de psychanalyse,* 45: 559–567.

Darwin, C. (1879 [2004]). *The Descent of Man, and Selection in Relation to Sex* (2nd edition). London: Penguin.

Deutsch, H. (1926). A Contribution to the Psychology of Sport. *International Journal of Psychoanalysis,* 7: 223–227.

Deutsch, H. (1942). Some Forms of Emotional Disturbance and Their Relationship to Schizophrenia. *Psychoanalytic Quarterly,* 11: 301–321.

Freud, S. (1905). Three Essays on a Theory of Sexuality. In *S.E., 7.*

Freud, S. (1910a). Leonardo da Vinci and a Memory of His Childhood. In *S.E., 11.*

Freud, S. (1910b). Five Lectures on Psychoanalysis. In *S.E., 11.*

Freud, S. (1919a). The "Uncanny". In *S.E., 17.*

Freud, S. (1919b). A Difficulty in the Path of Psychoanalysis. In *S.E., 17.*

Freud, S. (1920). Beyond the Pleasure Principle. In *S.E., 18.*

Freud, S. (1921). Group Psychology and the Analysis of the Ego. In *S.E., 18.*

Freud, S. (1923). The Ego and the Id. In *S.E., 19.*

Freud, S. (1930). Civilisation and Its Discontents. In *S.E., 21.*

Freud, S. (1933). New Introductory Lectures. In *S.E., 22.*

Freud, S. (1941). Findings, Ideas, Problems. In *S.E., 23.*

Freud, S. (1950). Project for a Scientific Psychology. In *S.E., 3.*

Gaddini, E. (1984 [1992]). Changes in Psychoanalytic Patients Up to the Present Day. In *A Psychoanalytic Theory of Infant Experience.* London: Brunner-Routledge, pp. 186–203.

Gallup, G. G. (1970). Chimpanzees. Self-recognition. *Science,* 167: 86–87.

Goodall, J. (1987). *The Chimpanzees of Gombe.* Boston, MA: Belknap/Harvard University Press.

Griffin, D. R. (1992). *Animal Minds.* Chicago, IL: University of Chicago Press.

Klein, M. (1936 [1975]). Weaning. In *Love, Guilt and Reparation and Other Works 1921–1945: The Writings of Melanie Klein Vol. 1,* eds. R. Money-Kyrle et al. London: Hogarth Press, pp. 290–305.

Mahler, M., Pine, F., and Bergman, A. (1975). *The Psychological Birth of the Human Infant: Symbiosis and Individuation.* New York, NY: Basic Books.

Money-Kyrle, R. (1968 [1978]). Cognitive Development. In *The Collected Papers of Roger Money-Kyrle,* ed. D. Meltzer. Perthshire: Clunie Press, pp. 416–433.

Paul, R. A. (2016). Sexuality: Biological Fact or Cultural Construction? The View From Dual Inheritance Theory. *International Journal of Psychoanalysis,* 97: 823–837.

Ritvo, L. B. (1990). *Darwin's Influence on Freud: A Tale of Two Sciences.* New Haven, CT: Harvard University Press.

Riviere, J. (1936). A Contribution to the Analysis of the Negative Therapeutic Reaction. *International Journal of Psychoanalysis,* 17: 304–320.

Salomonsson, B. (2012). Has Infantile Sexuality Anything to Do With Infants? *International Journal of Psychoanalysis,* 93: 631–647.

Spitz, R. (1964). The Derailment of Dialogue: Stimulus Overload Action Cycles, and the Completion Gradient. *Journal of the American Psychoanalytic Association*, 12: 752–775.

Strachey, J. (1955). Editor's Note. In Freud S. (1920). Beyond the Pleasure Principle. In *S.E., 18*, pp. 3–64.

Strachey, J. (1957). Editor's Note. In Freud S. (1910). Leonardo da Vinci and a Memory of His Childhood. In *S.E., 11*, pp. 59–62.

Susan-Rumbaugh, S., and Lewin, R. (1994). *Kanzi: The Ape at the Brink of the Human Mind*. New York, NY: Wiley.

Tustin, F. (1981). *Autistic States in Children*. London: Routledge and Kegan Paul.

Winnicott, D. W. (1963 [1990]). Communicating and Not Communicating Leading to the Study of Certain Opposites. In *The Maturational Processes and the Facilitating Environment*. London: Karnac, pp. 179–192.

Winnicott, D. W. (1969 [1991]). The Use of an Object and Relating Through Identifications. In *Playing and Reality*. London: Routledge, pp. 86–94.

美学、不可思议之意象和精神分析框架[1]

格雷戈里奥·柯（Gregorio Kohon）[2]

1. 美学：关于"虚无"的作品

当我写下于 2016 年出版的《关于审美体验的反思——精神分析与不可思议之意象》（*Reflections on the Aesthetic Experience—Psychoanalysis and the Uncanny*）一书时，我并不是旨在对艺术或文学进行精神分析"解读"，这不是精神分析理论在艺术和文学中的"应用"。

在这本书里，我的主要论点是，Freud 的"不可思议之意象"是美学和精神分析的基本组成部分，为这些不同的领域提供了一种共通的经验。艺

---

[1] 本文的早期版本以《关于爱德华多·奇林达作品中消极因素的一些思考》（*Some Thoughts on the Negative in the Work of Eduardo Chillida*）为题发表在 R. J. Perelberg 和 G. Kohon（编辑）的《精神分析的范式转变——安德烈·格林的精神分析》（*The Greening of Psychoanalysis: André Green's New Paradigm in Contemporary Theory and Practice*）（2017）中（经 Taylor & Francis, LLC. 许可转载）。本章中提到的艺术作品在互联网上很容易找到。

[2] Gregorio Kohon 是英国精神分析协会的培训分析师。他编辑了《英国精神分析学派——独立的传统》（*The British School of Psychoanalysis—The Independent Tradition*）（1986）、《死去的母亲——安德烈·格林的作品》（*The Dead Mother—The Work of André Green*）（1999）、《英国精神分析——独立传统的新视角》（*British Psychoanalysis—New Perspectives on the Independent Tradition*）（2018），与 Rosine Perelberg 合著《精神分析的范式转变——安德烈·格林的精神分析》。他还出版了《没有失去的确定性需要找回》（*No Lost Certainties to be Recovered*）（1999）、《爱及其变迁》（*Love and Its Vicissitudes*）（与 André Green 合著）（2005）和《关于审美体验的反思——精神分析与不可思议之意象》（2016）。他的下一本书《思考精神分析的本质——悖论话语的持续》（*Considering the Nature of Psychoanalysis—The Persistence of a Paradoxical Discourse*）也即将出版。

对象和精神分析对象都沉浸于一种介于熟悉和不熟悉之间的不确定性之中。不确定性、焦虑、疏离、沉默、朦胧、孤独、怀疑，这些都是接受艺术作品时可能唤起、触动或唤醒的心理状态，与精神分析所要求的参与方式相似。

正如我在书中所论证的，精神分析和美学有一个共同的任务，即将无法呈现的事物予以呈现，但它们被各自独立的、对比鲜明的方式所分开。艺术和文学有能力在熟悉的现实中创造一些不熟悉的东西，精神分析则揭示和识别已经存在于那个表面现实中的不熟悉的东西。

在我的书中，我提到了 Joshua Neustein 的作品。2012 年，Meira Perry Lehman（展览策划人）在耶路撒冷以色列博物馆的展览目录中描述了这位艺术家的作品：

> 首先，Neustein 在一张纸上乱涂乱画；然后他擦掉了一些线条，呈现出一个边角锋利的正方形。原始绘图的剩余部分，包括擦去的线条，呼应了两种操作：绘制和擦除。之后，Neustein 将残留物收集在一个小塑料袋中，并将其贴在纸的底部。这肯定了事实上没有的东西的存在。
>
> （Kohon，2016）[139-140]

展览展示了一系列这样的"擦除画"——这种描述表达了一个逻辑上的矛盾：擦除已经画上的部分，使画本身成为可能。这些画是通过擦除创造的。正如我所论证的：

> 通常，图片在被创建之前并不存在；它是通过绘画或明确的绘画行为而存在。过去"什么都没有"，现在"什么都有"。然而，在"被擦除的绘画"的情况下，挂在墙上的展览品的最终形式通过虚无显现出来：一些东西现在可以被看到，但它之前并非是"看不见的"。Neustein 的图片之所以出现，

只是因为某种矛盾的行为,它们的一部分被抹去了。

(Kohon,2016)[139]

在绘画中,这些变化,技术上被称为"经过修饰以后再现"(pentimenti),通常指的是画作的某些部分被遮盖在后来的绘画层之下。pentimento 一词源自意大利语 pentirsi,意思是忏悔或改变主意。"经过修饰以后再现"是艺术家在绘画过程中做出的一种改变。在某些情况下,被遮盖的部分变得可见,因为时间一长,上层的颜料会变得透明;也可以使用红外反射图和 X 射线来检测。

从观众的角度来看,这些例子表明审美体验可能永远无法终结或抵达终点:始终存在进一步发展或新叙事的可能性。一幅画可能不会在每次观看时都以同样的方式出现。在文学中,同一个短篇故事传达了不同的含义,对其人物进行了新的描述,对情节进行了额外的描述。它可能传达了一些已知的和熟悉的东西,但同时也传达了一些未知的、陌生的东西,不一定是新的东西,而是不可思议的东西。

现代雕塑的情况尤其如此,室内和室外、实体和虚空、重量和失重以及时间和空间的问题在其创作之初就已成为基本问题,随后,在对作品的感知、欣赏和理解中也是如此。雕塑不再像古希腊雕塑一样,是在被空地环绕的基座上的具有象征作用的实体。现如今,观众可以四处走动,有时还能走上雕塑、进入雕塑或穿过雕塑:空虚是雕塑结构的一部分。无论是放在博物馆里,还是放在室外和开阔的景观中,作品都能让人不仅在身体上参与,而且通过预期、记忆和注意力参与其中。

这在 Richard Serra 的作品中得到了明确的说明。他的一件雕塑作品"循环"(Cycle),2010 年在纽约 Gagosian Gallery 展出,与他之前在 Bilbao Guggenheim 博物馆的作品有着相同的灵感(Kohon,2016)。"循环"是由两片巨大的弧形钢片在一个明显的单一开口处汇合而成的。这一开口由此变成了两个:第一个通向一个大而空的弧形房间;另一个向一条由窄墙组成的通道延伸过去;钢铁的风蚀暗示着彩沙与海浪。游客面临着不同的入口,对此，他们必须做出选择，每个入口都通向不同的出口。人们反复尝试着从不同的地方重新进入雕塑，从不同的角度，以不同的形式来体验雕塑。这是无法通过静态观察体验到的；每走一步，参观者都能被引导着创造新的含义。艺术家邀请参观者成为参与者。

这些雕塑加深了 Guggenheim 博物馆在"时间的问题"（The Matter of Time）系列中最初提出的想法的复杂性（Kohon, 2016）。Serra 在一次采访中指出，是"选择的间隔"使这些雕塑别具一格。在这个间隔的时刻，必须做出选择，这打乱了一个人的想法：时间得以暂停（Goldstein, 2011）。

当我们身处雕塑的空间中，四处走动，穿过雕塑时，时间并没有建立起一种连续性：一切——选择的间隔、打破顺序、参观者动作的节奏——都会产生一种迷失方向的效果。这是一个去个性化的时刻。在空间和时间上似乎存在着多种现实。

这与 André Green（2002）[162] 的"时间之树"概念非常相似，这是一种树状的时间结构。Green 认为这是一个同时存在分歧的力量和路径的网络，尽管如此，这些力量和路径仍然在一起运作，但从未成为一个绝对的统一体。因此，不能通过简单的因果关系来解释事件；它们不会在给定的时间点结束；他们继续存在，同时保持不变，但仍在改变自己。时间性存在于潜意识之中——但这并不意味着没有时间性。对任何特定事件的两次解读都不完全相同：每次解读都会有效地改变已经发生的事件。随着每一次进一步的感知、评价和解释，事件的意义都会发生变化，虚无（the negative）因素成为其不可分割的一部分。

探索"虚无"是精神分析的一个基本理论原则，最好的代表是 André Green（1997，1999）对虚无的工作概念。根据 Green 的观点，虚无的存在可以在 Freud 的潜意识概念本身中被找到，其中前缀 un 已经为它提供了一个明确的参考。在 Freud 的理论中，没有任何临床或理论概念不与潜意识相关，从而转向虚无的体验。根据 Green（1999）[12] 的说法，对虚无的工作汇集了"……最普遍的心理活动所固有的方面"，这是所有人类所共有的。

虚无具有矛盾性，它代表了一种双重思维模式。对心理事件进行否定，而又永远无法完全成功;自我的分裂将允许同时存在知和不知;压抑会产生症状和梦境,从而揭示隐藏的事物(Kohon, 1999; Parsons, 2000)。涉及虚无的作品融入了这种基本的双重模式,这是 André Green(通过 Jacques Lacan 和 Alexandre Kojève)从 G. F. W. Hegel 对方言的思考中继承的遗产的一部分。

想要了解 Green 概念的重要性,可从西班牙雕塑家 Eduardo Chillida 的作品中得到体会,这位雕塑家于 2002 年去世,享年 78 岁。Chillida 从职业生涯的早期开始就赢得了重要的国际奖项,并在全世界拥有许多崇拜者,包括 Martin Heidegger,他认为 Chillida 的雕塑是对科学的、可量化的时间话语的蔑视和挑战(Heidegger, 1969)——这一点与我们的精神分析学有关。另一位哲学家 Gaston Bachelard 在 Maeght 画廊的展览目录中为 Chillida 写了一篇题为《火的宇宙》(The Cosmos of Fire)的文章(Bachelard, 1956)。他认为 Chillida 有能力通过铁制雕塑揭示"虚空的现实";这对他而言代表了一个原始人类的伟大梦想。罗马尼亚哲学家、散文家 Emil Cioran 为获得了 Chillida 的插图开心万分,并将其用于他的一本书的特别私人版本(Cioran, 1983)。另一位崇拜者是墨西哥诗人,1990 年诺贝尔文学奖得主 Octavio Paz,他说 Chillida 的作品"包含两个极端,一个是残酷的性,另一个是翼动的雅",并补充说,在他的雕塑中,"铁说风,木说歌,雪花石说光——但都说了同一件事:空间"(Paz, 1967)。

Chillida 将雕塑形式和环境空间结合起来,产生了非凡的城市景观。艺术家认为他的雕塑是"对重力的反叛",在空和满的空间之间,在动和静的张力之间存在着辩证关系。例如,雕塑作品 Elogio del Horizonte 矗立在比斯开湾希洪附近的圣卡塔琳娜山顶,面向坎塔布里亚海,看起来(甚至从照片上看)是一个巨大的、不朽的作品。它是由钢筋混凝土制成的——也许是可以想象的最没有"美感"的材料。然而,海洋、风和地面成为作品的主要特征。看着它,人们无法不感到钦佩和崇敬。

如果有人站在这座雕塑的中央,在混凝土石柱所形成的巨大空旷的空间中,大海和风的声音会被放大,在人的脑海中形成一种壮丽的存在。雕塑中创造空间的东西似乎是"虚无",它建构了不属于实际物理结构的东西。艺术家在作品中同时呈现了空与满，在这种表达与材料的沉重之间，一种特殊的辩证法被创造了出来。

也许最能说明这种辩证法的创作是 Peine del Viento，这是 Chillida 自己最喜欢的创作。对许多评论家来说，这是他的杰作。Peine del Viento 坐落于 Igeldo 山脚下，于 1977 年完工。这三块壮观的钢铁，每块都重达 11 吨，被戏剧性地固定在圣塞巴斯蒂安湾西部边缘的悬崖岩石上，被海浪包围。Elogio del Horizonte 是面向天空的，而 Peine del Viento 则是与大海对话。

Chillida 声称，这些雕塑并没有"包含"在已经存在的空间中。作品本身创造了空间，周围的景观成为雕塑的一部分。这三块雕塑看起来像手指或爪子，一块向上伸着，两块水平伸着，似乎在互相呼唤。对 Chillida 来说，三个不同的雕塑构成了一个整体。他认为，最近的两个代表过去和现在，彼此相连但又彼此分离。未来是由离观众最远的垂直部分定义的，指向将要到来的东西。

然而，这件艺术作品的逻辑似乎已经超越了艺术家自己的解释。事实上，我认为这个作品唤起了对时间的潜意识体验，我们可以说，过去和现在不是由生命的开始决定的，而是由故事的起源决定的。尽管 Chillida 有这样的描述，但观察者可能并不知道这三件作品是按照过去、现在和未来的顺序排列在时间上的。然而，这并不意味着它们可以存在于时间之外或超越时间。

Albert Einstein 在好朋友 Michele Besso 去世时，写信给 Michele 的妹妹："像我们这样相信物理学的人知道，过去、现在和未来之间的区别只不过是一种持久、顽固的幻觉。"（Rovelli，2014）❶Rovelli 进一步解释说，"过去、现在和未来之间的区别不是幻觉。它是世界的时间结构。（但是）事件之间的时间关系比我们以前认为的更复杂，而且它们并没有因此而停止存在"。Rovelli 对 Einstein 的说法作了进一步的解释："（这）不是一封关于世界结构的高谈阔论的信：这是一封安慰其悲伤的妹妹的信。一封温柔的

---

❶ 这句话在 Rovelli（2017）[96] 后来的著作中略有改变："像我们这样相信物理学的人，知道过去、现在和未来之间的区别无非是一种顽固的幻觉。"

信，暗指 Michele 和 Albert 之间的精神纽带。"（Rovelli，2017）[101]

根据 Rovelli（2017）的说法，Einstein 所指的是"……生命本身的体验。脆弱、短暂、充满幻想。这是一个比时间的物理本质更深刻的表达"。

如果真如 Chillida 所说的那样——艺术家的作品中没有包含其创作的空间，也没有确定的特定参考点的空间参数，同样，也没有一个特定的过去、现在或未来时刻可以定义的属于作品本身的特定时间。

这三座雕塑，在潮汐中静止，固定在岩石中，被见证着在走向不确定的未来的同时，远离了一个不确定的起源。有风，有雾，有一天中不同时间的不同长度，有天气的永恒变化，有声音，有暴风雨的狂暴。这不是三件作品包含什么象征意义的问题，而是当每一个波浪都被视为雕塑周围景观的一部分时，意义是如何产生的。波浪赋予了静态雕塑以意义，通过一个从未相同的重复过程创造了多个时间性。

2. 时间的多重性，"不可思议之意象"和身份认同问题

文学和艺术作品打开了体验这些多重时间性的可能性，既矛盾又不可思议——就像梦中的人物。

在《暴风雨》(The Tempest)中，Prospero 期待着女儿与那不勒斯王子的婚礼，上演了一场简短的娱乐活动，精灵们扮演了罗马诸神的角色。在那个时刻，他宣称：

我们的狂欢已经结束了。我们的这些演员们，
我曾经告诉过你，原是一群精灵，
都已化成淡烟而消散了。
如同这段幻景的虚妄的构成一样，
入云的楼阁，瑰玮的宫殿，
庄严的厅堂，甚至地球自身，

以及地球上所有的一切，都将同样消散，
就像这一场幻景，连一点烟云的影子都不曾留下。
我们都是制造梦想的东西，
我们的一生是在酣睡之中。

Prospero 声称，这场表演只是一场幻觉，迟早会融化而"消散"。这种错觉成为戏外"真实"世界的隐喻，同样转瞬即逝：世界上的一切最终都会崩溃和消失，甚至连一个"架子"都不会留下。这场演出是 Shakespeare 戏剧中的一场戏，而这场戏又是外界的另一场戏。我们被告知，人是"制造"梦想的"东西"。Prospero 的"东西"指的是创造一种幻觉，而不是我们欲望的对象。

艺术创作和文学创作一样，都是奇怪的东西，都是幻觉，但科学也是如此。Einstein 描述时间曲率的方程证明了空间确实是弯曲的。显然，这是一个"简单"的方程式。但是，正如 Carlo Rovelli（2014）[7]因其对理论物理学的杰出贡献而受到国际认可，他向我们这些外行解释道："……这里，理论神奇的丰富性开启了一系列虚幻的预言，这些预言类似于疯子的疯言狂语，但事实证明这些预言都是真实的。"

疯狂，但是真实。

Rovelli（2014）[8]又说道：

Einstein 预测，在离地球较近的地方，在高处的时间比在低处过得更快。这是经过测量的结果。如果一个生活在海平面的人遇到了一个住在山里的双胞胎，他会发现他的同胞比他稍大。

我不理解它，但我不得不相信它。这只是对现实的一瞥——与精神分析揭示的精神现实相似，可资比较。我们的梦想是在同一种物质基础上实现的，我们的审美体验也是如此：正如已经讨论的那样，艺术作品的开放，有

可能出现多个时间性，比如梦中的人物。

Einstein 证明，时间和空间维度都可以被改变，在高速中"变形"。根据相对论，时间膨胀是两个观察者测量的时间流逝的差异，要么是由于相对于对方的速度差异，要么是由于相对于引力场的位置不同。因此，例如，发生在一个系统的两个不同点的两个事件，如果由一个主体在它们出现时从中间点观察，将被视为同时发生。然而，如果不是由一个主体从一个给定的静态位置观察，而是由另一个主体从不同的地理位置观察，这种同时性将会有所不同。

正如 Rovelli（2014）[8] 所说的那样：

对于一切移动的事物，时间流逝得更慢。（这种效应）最早是在 20 世纪 70 年代在飞机上使用精密手表测量的。飞机上的手表显示的时间比地面上的手表晚。今天，在许多物理实验中都可以观察到时间的减慢。

因此，时间不能被理解为一个抽象的概念；时间是由我们的大脑根据环境以空间的形式来定义的。使用空间思考时间，被称为心理时间线：这是允许我们组织时间秩序的东西。这不是"给定的"：空间的象征性的再现所引起的时间扭曲表明，心理时间线不是从时间的原始空间表示中得出的；它是发展性学习的成果，大约在 8 至 10 岁时获得（Droit Volet et al., 2015）。

读写能力似乎在不同类型的心理时间线中扮演着重要的角色——阅读和写作的方向提供了不同文化的时间取向——即使在物理学家的世界中，"（他们）正在努力使我们的语言和直觉适应一个新发现：'过去'和'未来'没有普遍意义"（Rovelli, 2017）[100]。在西方文化中，我们从左到右阅读，人们把过去放在左边，而把未来放在右边。相比之下，阿拉伯语、波斯语、乌尔都语和希伯来语使用者从右向左阅读，因此，心理时间线的方向相反：他们将过去放在右边，将未来放在左边。

这一语言学证据表明，看似抽象的时间概念实际上是基于实际的空间概念，揭示了人类在心理上组织与时间有关的事件的形式因不同文化而异：从这个意义上讲，没有特定的、普遍的心理组织时间系统。此外，一些文化将这种组织建立在属于其特定环境的特征之上。巴布亚新几内亚的一些部落在使用与时间相关的概念时，使用定向手势。例如，当谈论过去时（比如当他们说"去年"或"过去的时间"时），他们的主题指向下方，这是他们居住的河流穿过山谷流向海洋的地方；然而，在谈到未来时，他们向上，指向河流出现的地方；对他们来说，时间向上移动。

澳大利亚原住民揭示了一个类似的区别：当他们中的一些人被要求临时按顺序放置一位老年人的照片时，受访对象会将属于中年男子年龄的照片放在东边，而属于晚年的照片则会被放在西边，与受访对象所面对的方向无关。在这种情况下，时间心理线基于基本方向，与地理环境无关。

在方向和地理概念的混合中，艾马拉人认为过去是已知的，因此它在前面；过去位于前面，这是他们在提到过去时会指向的地方；因此，例如山脉和沙漠是过去的一部分——它们代表他们的祖先，并且现在他们与祖先有关系。未来是未知的，被放在他们的背后——它不能被看到、知道或猜到。

如果科学理论可以类似于"疯子的胡言乱语"，那么艺术创作和文学创作一样，也可以是非理性的、疯狂的、奇怪的东西——事实上，幻觉似乎是过度的、矛盾的、不合理的。最重要的是，文学和艺术作品打开了体验多重时间性的可能，既矛盾又不可思议，就像梦境中的人物。

在精神分析学中，Freud 理论中的滞后反应（*après-coup*）这一概念进一步增加了对时间概念的理解的复杂性。Perelberg（2008）[108]这样描述：

滞后反应在一个包含许多其他概念并包括多种时间性的结构中获得了意义——顺行和退行的运动一起发生并相互影响。这包括顺行、退行、压抑、固着、强迫性重复、被压抑者的回归和潜意识的永恒性。这创造了一个复杂的结构，使 Freud 的时间概念具有多维的视角。**在我的意象中，这是一个运动中的七边形。**

在 Gertrude Stein 的传记中可以找到这样的经历：她于 1903 年从美国

搬到巴黎,并在法国度过余生。在巴黎,她主持了一个沙龙,现代主义文学和艺术的主要人物,如 Pablo Picasso、Ernest Hemingway、F. Scott Fitzgerald、Sinclair Lewis、Ezra Pound、Henri Matisse 以及其他许多人都会在那里聚会。后来提到游览出生地奥克兰时,Stein(1937)[289]写道:"那里是不存在的。"这句话成为她的著名语录之一。在巴黎待了一段时间后,她回到奥克兰,发现她的房子不再是她的房子,她的学校、公园和犹太教教堂也都不在原址上了。她的过去已经成了另一个国度:那个地方对她已经变得毫无意义。此外,她后来评论说,身份不是一个东西……

难以认清自己,难以确认自己到底是谁,我们到底有什么经验,这种不确定感,忧虑的感觉,也许正在发生一些不应该发生的事情,在一些秘密或阴暗的地方,或被暴露于真正的黑暗和危险中,这些都是从不同的角度对现实的一瞥,与精神分析所揭示的心理现实相似,可资比较。我们的梦也是在这种东西上做的,我们的审美经验也是如此。这也是噩梦的内容:你可能意识到你是谁,但在所有证据面前,你无法认出镜子中的自己。

从精神分析的角度来看,认同的问题,"我是谁",和它的反面"我不是谁"之间的拉扯,是人类主体性悖论的核心所在。作为熟悉自己的人,我怎样才能认识到自己不是谁呢?或者说,我的自我对我来说是如此不熟悉,以至于我可能无法从镜子或照片中认出它?也许没有比 Freud 在《不可思议之意象》的脚注中给出的例子更能说明认同和自我识别(或错误认同和错误识别)过程中所涉及的复杂的辩证关系的了:

当时我正独自坐在我的车厢里,随着火车一阵异乎寻常的猛烈晃动,一旁洗手间的门来回摇摆,一位穿着礼服、戴着旅行帽的老先生走了进来。我以为他正要离开位于两节车厢分界的洗手间,却走错了方向,误入了我的车厢。就在我想要去纠正他时,我马上惊愕地意识到,这个不速之客只不过是我自身在敞开之门镜中的倒影。

(Freud,1919)[248]

镜子阶段（the mirror stage）(Lacan，1949）提供了一个充分认同的机会，这是第一个——也许是神话般的——主体可以获得成为主体，并远离最初的自恋的机会。然而，作为一种幻觉，对镜子中的影像的认同产生了主体的双重性，从而成为异化的根源：存在变成了不存在，熟悉变成了陌生。对于人类来说，无法逃避这种想象中的身份认同：它就是它的本来面目。

De M'Uzan（1983）[60]认为，尽管"我是我，不是别人"的说法应该是不言而喻的，但没有任何保证；这种确定性会相当容易崩溃。在"我"和"非我"之间本源的、原始的、混乱的界限将作为一种心理功能在人的一生中持续存在。因此，De M'Uzan（1976）[28-29]断言，"在自我和非我之间没有真正的界限，而有一个模糊的过渡区，一个由自恋力比多占据的不同位置定义的**身份光谱**……"。

用 Jean Hyppolite（1946）[150]的话说，"……自我永远不会与自己重合，因为，为了成为它自己，它总是他者"。身份是由非身份所创造的：一个人只有接受了这个事实，才能成为人。虽然理解"我是我……"可以被承认（尽管它有内在的复杂性），但考虑"我的哪一部分不是我"则更难把握和接受。我们都被我们永远不会意识到的被压抑的欲望所驱使，被我们一无所知的创伤性经历所困扰，被我们无法理解的情感和心理疏离状态所迫害，更不用说将它们表达出来了。有朝一日能够达到一个"更真实的"自我的幻想，一个不会因自我对自身的极端化而受苦的自我（Lacan，1953—1954），是一个既悲惨又滑稽的无果误解。

一些东西可以通过其不存在的部分被创造出来，这是一个令人不安的想法。这就是 Freud 的"不可思议之意象"在美学和精神分析中所代表的：与无法意识到的、隐藏或压抑在主体中的事物相遇。在无法辨认自己的情况下，主体将体验到一种恐怖感；它想要逃跑，逃离有可能导致幽闭恐惧的环境：于是有意义的会变成空虚的，相关的变成不重要的，好的变成坏的。

关于我们自己或我们的过去，没有任何确定性；没有任何确定性表明某些东西确实已经失去，现在可以找回来。在美学中，就像在生活中一样，我们面临着鬼魂、替身、不请自来的幽灵、似曾相识感、危险、焦虑的预期，以及由虚无带来的不被允许的存在。在某种程度上，敞开心扉去体验虚无的东西，有时会被具体化为不可思议的东西，这对美学和精神分析的经验都是很重要的。这包括在面对审美对象和精神分析对象时，能够承受去个人化（或去现实化）的感觉，在这种情况下，我们必须容忍遇到的陌生感和虚无的东西。

3. 移情的隐秘力量：精神分析框架和被压抑者的回归

在考虑精神分析框架时，José Bleger（1967［2013］）[228]区分了过程——在分析者和病人之间的关系中的每一个环节，换句话说，移情和反移情的情况——和框架，后者被理解为一个非过程。根据Bleger的说法，病人最精神病性和退行的部分被框架的恒定性所限定——因此它至关重要。框架限定了移情的过渡部分。正如Michael Parsons（2000）[171]指出的那样，维系这种恒定性需要努力：总是有某种阻力需要被克服。这种阻力（让我们注意：病人和分析师共同的阻力）是许多经常跨越框架的行为的核心，尽管这些越轨行为很轻微。Parsons精准地声称："在相反的方向，总是有一种拉扯。"

在建立心理现实、否定和分析环境（他论文的标题）之间的联系时，Parsons（2000）[181]认为，保持精神分析的框架需要否定外部现实，这样才能进行心理工作；这样创造的分析空间允许"与……普通现实进行活跃的接触"。

Bleger在西班牙语中使用的词是 *el encuadre*——框架。在法语中，这个词是 *le cadre*（Green et al., 2005; Birksted-Green et al., 2010）。在Bleger的书《共生与模糊》（*Symbiosis and Ambiguity*）中，John Churcher 和 Leopoldo Bleger 将该词翻译为 setting（设置）（Bleger, 1967［2013］）。在原文中，*encuadre* 这个词源于 *encuadrar*——装框架。与英语类似，*encuadrar* 主要是指把画横着或立着放在画框里。很明显，这里指的是某样东西被包含在一定的范围内，并邀请观察者将注意力集中在它身上。

根据《剑桥词典》，setting 指的是某事物的位置或事件发生的地点或环境类型；它给出了以下例子："a romantic house in a wonderful setting beside the River Wye"（怀伊河畔一座浪漫的房子，环境优美），"a converted barn in a beautiful rural setting"（在美丽的乡村环境中改造的谷仓）。当在精神分析中使用时，"设置"一词会让人联想到戏剧；它描述了精神分析情境的物理环境：房间、沙发、椅子、书架、图片等。理想情况下，这些东西只是偶尔改变；因此，它们可以说是非过程的一部分。

尽管如此，框架的概念唤起了对分析师思维的更准确和精确的内部参考，与"设置"截然不同。Parsons（2000）[157] 承认了这一差异：例如，在提到 Winnicott 和 Ferenczi 通过改变外部"设置"来管理精神失常患者时，他认为这是可能的，因为分析师保持了他们的内部精神分析"框架"。

正如我早些时候在谈到 Joshua Neustein 被抹掉的画作时所说的那样，在精神分析框架下，一些东西（移情）将从虚无（分析师的沉默所创造出的框架）中被创造出来。从虚无到移情：移情通过精神分析框架所创造的非过程而具体化。框架允许潜意识中不存在时间流逝，这是一种特定的时间性形式，使得对任何特定事件的两次解读都不完全相同。

此外，André Green 提出，在抱着婴儿时，母亲在孩子身上留下了她的手臂的印象。这将构成一个框架结构。在母亲不在的时候，婴儿将母亲的存在体验为一种虚无的存在，把母亲变成了一个背景屏幕，他/她自己的表象可能会被投射到上面。为使这一结构得到发展，母亲首先必须是要完全在场的。如果母亲在情感上缺席，未来对母亲这一客体的表征可能就无法发生；如果没有空白屏幕或框架结构，就无法发展表征（Kohon，2016；Perelberg，2016）。在实现这种表征方面失败的病人可能无法被涵容在精神分析的框架内，无法进行治疗性退行，接受将情感变得不那么激烈（Green，1980；Green et al.，2005）。

精神分析框架既会导致退行，也会阻碍退行（Browne，2018）[209-223]。当退行发生时，强迫性重复变得突出。如果我们将生命视为一系列事件的线性序列，一个事件以直截了当的方式跟随另一个事件。原则上，我们将能够确定在我们生命的整个历史中，一个事件是如何在这里和那里重现的。这种重复将创建一个重要的、可识别的模式，为事件提供一个有意义的背景。当我们观察海洋中的波浪时，毫无疑问，有一种重复：它们都是波浪。根据 Gilles Deleuze（1969）[302]的说法，这代表了对重复的柏拉图式理解：它是一个复制或类似的、等价的表达的世界（Hillis Miller, 1982）[5]。

然而，我们面临着一个悖论：没有一个波浪与其他波浪完全相同。有第二种理解重复的方法，它遵循一种不同的理论轨迹，可以从"Vico 到 Hegel 和德国浪漫主义流派，到 Kierkegaard 的重复，到 Marx 的《雾月十八日》（The Eighteen Brumaire），到 Nietzsche 的永恒回归概念，到 Freud 的强迫性重复……"（Hillis Miller, 1982）[5]。这里的重复包括区别或分歧。从定义上讲，我们在看 Chillida 的《佩恩·德尔·维恩托》（Peine de Viento）时，所看到的每一个波浪都将是过渡的：其运动细节和形状的独特性将使它独一无二——没有一个波浪会和另一个波浪完全相同。人们可能会想象一个柏拉图式原型，但事实上，没有一个波是原始波的复制品。根据 Deleuze 的说法，那是一种尼采哲学式的理解重复的模式，而 Freud 的强迫性重复这一概念则很好地说明了每种情况的独特性。

在 Freud 所描述的概念下，一种情况与另一种情况类似，但它们之间的相似性不会使两者之间的差异消失；相反，这种相似性可能只能通过它们的差异来矛盾地确定。对所有人来说，这两者并不相同——除了它们的影响；这就是为什么 Freud 关于强迫性重复的概念，总是与快乐原则相反，它表现出某种"恶魔般"的力量在起作用（Freud, 1920）[35]。

根据 Freud 的观点，以强迫性重复为特征的移情揭示了这样一种印象，即主体被邪恶的命运所追逐或被某种"恶魔般的力量"所占有。然而，他认为，这也可以在"……正常人的生活中"看到。例如，我们可以想象一个女人，让我们称她为 Mary，她没有嫁给她的父亲，但她的父亲在她的丈夫 Paul 身上幽灵般地存在，这是她与 Paul 在当下重复过去她与父亲关系的特征。这并不是简单的重复；它遵循一种虚构的、想象的相似性，有时令人惊讶，有时令人难以置信。

对一个我们有些熟悉的波浪的记忆，随着另一个不熟悉的、未知的波浪的记忆立即到来而消失了。重复的感觉构成了对一个从未发生过的事物的记忆。它可以被描述为，与其说是一种记忆的形式，不如说是一种"消极的遗忘形式"（negative form of forgetting）（Hillis Miller, 1982）[7]。这种相似性是不透明的（Benjamin, 1969）[204]。无论我们在重复中找到什么意义，它都不会是一个发生地或另一个发生地所固有的；它将从多重时间性中的第二个事件和第一个事件之间的关系中出现，产生一个允许表征和象征主义发生的结构。

4. 结语

分析师通常的解释形式是"我想知道是否……""听起来好像……"。这绝不是一个明确的结论，能够导向形成一个普遍适用的规律性结论。精神分析师通过溯因（abduction）推理来工作：分析师根据材料构建一个假设，等待这个假设被进一步确认或否定——它们被作为问题提出来。术语"溯因"是美国哲学家、数学家和科学家 Charles Sanders Peirce 在其关于科学逻辑的工作中创造的。他提出这个词是为了表示一种非演绎式推理，与已经熟悉的归纳推理不同。与归纳推理相比，溯因被定义为形成解释假设的过程。在这一过程中，可能会有许多假设被创造出来，并被用来解释一个事实，但只有少数假设会相对令人满意。一个解释可能是有意义的，但不一定意味着只有一个解释，甚至也不意味着它是最好的解释。然而，对 Peirce 来说，溯因推理法是唯一能够引入新观念的逻辑操作（Peirce, 1903; Eisele, 1985; Fabbrichesi et al., 2006）。

一个病人告诉我："昨晚，我梦见了我的父亲；那是我的父亲，然而，我很确定那也可能是我的朋友 Rob：他们有着同样的长卷发，同样的北伦敦犹太口音……我一直认为 Rob 是那种有虐待狂倾向的人……"这就是梦的素材：一种相似性的幻觉，这种幻觉只通过一个人（父亲）和另一个人（朋友）之间的差异而存在。这是一种消极的遗忘形式，通过一种"滞后反应"的过程变得有意义：对朋友的记忆为揭示对父亲的遗忘提供了潜在的启示（Perelberg, 2007, 2008）。

在精神分析的情境下，病人和分析师会一次又一次地不断发现，时间在流逝，但过去的事情却一直存在。这是介于记忆和遗忘之间的东西，它定义了我们梦境的不可思议的特征，即所有人类都生活在超现实主义的存在感中。两者之间的交互能在移情的过程中有希望得以实现，它将会达成修通。然而，从最全面的意义上来说，修通也意味着必须接受这项任务永远不会完全完成。没有什么可以被完全改变，会完全变好，完全恢复，有些东西将无法被触及、不能被消化、持续被压抑。换句话说，虚无的东西将永远存在于我们的生活中。正是对精神分析框架的维护，可以帮助病人和分析师承受这种复杂性和这些不确定感。

精神分析的主题是无法定义的，因为它不是直接可知的——然而我们需要，我们想让它有意义。精神分析的理论，总是过度的（excessive），不能由那种被一些人视为"科学"的证据来支持。我们无法提供实证研究所需要的证据，也无法进行量化研究和证明。Carlo Ginsburg 认为，精神分析是一种推断性的知识——一种基于个案研究的间接的、推定的、直觉的知识；它是高度定性的学科的一部分，Ginsburg 以毫不掩饰的钦佩之情，将其与医学和历史学结合起来。正如他所论证的，精神分析是一门基于意识控制之外的细节的学科。"……细微的痕迹允许理解更深层的、以其他的方式无法触及的现实：痕迹——更准确地说，是症状（在 Freud 的案例中），是线索（在 Sherlock-Holmes 的案例中）……"（Ginzburg, 1989）[101]

作为精神分析学家，我们无法简化异常多层次和异常复杂的东西。因此，精神分析永远无法达到其理论和实践能够充分说明其主题的位置。

不是现在。

也不在未来。

参考文献

Ai, Weiwei. (2011). *Ai Weiwei Blog: Writings, Interviews, and Digital Rants, 2006–2009.* Edited and translated by Lee Ambrozy. Cambridge, MA: The MIT Press.

Bachelard, G. (1956 [1964]). Le Cosmos du fer. In *Derrière le Miroir.* Paris: Maeght Éditions.

Benjamin, W. (1969). *Illuminations* (Translation: Harry Zohn). New York: Shoken.
Birksted-Breen, D., Flanders, S., and Gibeault, A. (2010). *Reading French Psychoanalysis*. Hove: Routledge.
Bleger, J. (1967). Psycho-analysis of the Psycho-analytic Frame. *The International Journal of Psychoanalysis*, 48: 511–519 (Newly translated by John Churcher and Leopoldo Bleger as Psychoanalysis of the Psychoanalytic Setting). In J. Bleger (1967), *Symbiosis and Ambiguity – A Psychoanalytic Study*, edited by J. Churcher and L. Bleger, with a Preface by R. Horacio Etchegoyen. London and New York: Routledge, 2013.
Browne, H. (2018). Regression: Allowing the Future to Be Re-Imagined. In *British Psychoanalysis – New Perspectives in the Independent Tradition*, ed. G. Kohon. London and New York: Routledge.
Cioran, E. M. (1983). *Ce maudit moi*. St. Gallen: Édition Erker-Presse.
Deleuze, G. (1969). *Logique du sens*. Paris: Les Editions de Minuit.
de M'Uzan, M. (1976). Countertransference and the Paradoxical System. *Revue Française de Psychanalyse*, 40 (2): 575–590. Reprinted in: *Death and Identity: Being and the Psycho-Sexual Drama*, edited by M. de M'Uzan, translated by A. Weller. London: Karnac, 2013.
de M'Uzan, M. (1983). The Person of Myself. *Nouvelle Revue de Psychanalyse*, 28: 193–208. Reprinted in: *Death and Identity. Being and the Psycho-Sexual Drama*, edited by M. de M'Uzan, translated by A. Weller. London: Karnac, 2013.
Droit-Volet, S., and Coull, J. (2015). The Developmental Emergence of the Mental Time-Line: Spatial and Numerical Distortion of Time Judgement. *PLoS ONE*, 10 (7): e0130465. https://doi.org/10.1371/journal.pone.0130465
Eisele, C. (ed.). (1985). *Historical Perspectives on Peirce's Logic of Science*. New York: Mouton.
Fabbrichesi, R., and Marietti, S. (2006). *Semiotics and Philosophy in Charles Sanders Peirce*. Newcastle: Cambridge Scholars Press.
Freud, S. (1919). The "uncanny". In *S.E., 17*, pp. 217–252.
Freud, S. (1920). Beyond the Pleasure Principle. In *S.E., 18*, pp. 1–64.
Freud, S. (1936). A Disturbance of Memory on the Acropolis. In *S.E., 21*, pp. 237–248.
Ginzburg, C. (1989 [2013]). *Clues, Myths, and the Historical Method*, translated by J. and A. C. Tedeschi. Baltimore, MD: Johns Hopkins University Press.
Goldstein, A. M. (2011). "You Have to Make a Choice": A Q&A With Richard Serra on His New Sculptures at Gagosian [Interview] *Artinfo* (International Edition), 28 September.
Green, A. (1980 [1986]). Passions and Their Vicissitudes. On the Relation Between Madness and Psychosis. In *On Private Madness*. London: Hogarth.
Green, A. (1997). The Intuition of the Negative in "Playing and Reality". *The International Journal of Psychoanalysis*, 78 (6): 1071–1084.
Green, A. (1999). *The Work of the Negative*. London: Free Association Books.
Green, A. (2002). *Time in Psychoanalysis: Some Contradictory Aspects*. London: Free Association Books.
Green, A., and Kohon, G. (2005). *Love and Its Vicissitudes*. London: Routledge.
Heidegger, M. (1969). Art and Space. *Man and World: An International Philosophical Review*, 6 (1): 3–8.

Hillis Miller, J. (1982). *Fiction and Repetition: Seven English Novels*. Oxford: Blackwell.
Hyppolite, J. (1946 [1974]). *Genesis and Structure in Hegel's Phenomenology*, translated by S. Cherniak and J. Heckman. Evanston, IL: Northwestern University Press.
Kohon, G. (1999). *No Lost Certainties to Be Recovered*. London: Karnac.
Kohon, G. (2016). *Reflections on the Aesthetic Experience: Psychoanalysis and the Uncanny*. London: Routledge.
Lacan, J. (1949 [1977]). The Mirror Stage as Formative of the Function of the I. In *Écrits. A Selection*, ed. J. Lacan. London: Tavistock Publications.
Lacan, J. (1953–54 [1991]). The Topic of the Imaginary. In *The Seminar of Jacques Lacan, Book I: Freud's Papers on Technique*, ed. J.-A. Miller. New York: Norton.
Parsons, M. (2000). Psychic Reality, Negation and the Analytic Setting. In *The Dove That Returns, the Dove That Vanishes – Paradox and Creativity in Psychoanalysis*. London and Philadelphia: Routledge.
Paz, O. (1967 [1980]). Introduction. In *Chillida*, edited by E. Chillida. Barcelona: Maeght; reprinted Pittsburgh, PA: Pittsburgh International Series.
Peirce, C. S. (1903 [1958]). *Collected Papers of Charles Sanders Peirce*, Vol. 5, edited by C. Hatshorne and P. Weiss. Cambridge, MA: Harvard University Press.
Perelberg, R. J. (ed.). (2007). *Time and Memory*. London: Karnac.
Perelberg, R. J. (2008). *Time, Space and Phantasy*. London: Routledge.
Perelberg, R. J. (2016). Negative Hallucinations, Dreams and Hallucinations: The Framing Structure and Its Representation in the Analytic Setting. *The International Journal of Psychoanalysis*, 97: 1575–1590. Also in R. J. Perelberg, R. J. and G. Kohon (eds.). (2017). *The Greening of Psychoanalysis – André Green's New Paradigm in Contemporary Theory and Practice*. London: Karnac.
Rovelli, C. (2014 [2015]). *Seven Brief Lessons on Physics*, translated by S. Carnell and E. Segre. London: Allen Lane.
Rovelli, C. (2017 [2018]). *The Order of Time*, translated by S. Carnell and E. Segre. London: Allen Lane.

寻找不可思议之意象

霍华德·B. 莱文（Howard B. Levine）❶

1

Strachey 在《不可思议之意象》的导言中告诉我们，Freud 可能是在 1912～1913 年开始写这篇论文，并在他完成《超越快乐原则》（Freud, 1920）后重新开始投入这篇论文的写作。在这个 Freud 的高产期，为了解决自恋、侵略、忧郁症、早期创伤和古老的超我所带来的问题，他创作了《哀伤与忧郁》（Mourning and Melancholia）（Freud, 1917）、《论自恋》（On Narcissism）（Freud, 1914）、元心理学相关论文和《超越快乐原则》（Freud, 1920）。在理论上，他的研究朝着"死亡本能"的表述迈进，并最终修订成"第二地形学"（the Second Topography）的结构理论（Freud, 1923）。然而，当他回到对"不可思议之意象"的工作中时，某些新的发展才刚刚被发现。

也许这就解释了为什么这篇论文看起来像是临时写就的。Freud 从未很

---

❶ Howard B. Levine 是 APSA 和当代 Freud 学会的成员，*IJP* 和《精神分析研究》（*Psychoanalytic Inquiry*）的编辑委员会成员，Routledge《威尔弗雷德·比昂研究》（*Wilfred Bion Studies*）系列丛书的主编，他在马萨诸塞州的布鲁克林镇有私人诊所。他撰写了许多关于精神分析过程和技术、主体间性和原始人格障碍治疗的文章、书籍章节和评论。他共同编辑的书籍包括《无代表的国家和意义的建构》（*Unrepresented States and the Construction of Meaning*）（2013）、《论弗洛伊德的〈屏幕记忆〉》（*On Freud's Screen Memories*）（2014）、《威尔弗雷德·比昂传统》（*The Wilfred Bion Tradition*）（2016）、《巴西的比昂》（*Bion in Brazil*）（2017）和《再访安德烈·格林：表征和对忽视的工作》（*Andre Green Revisited: Representation and the Work of the Negative*）（2018）。

好地解释"不可思议之意象"的特殊性质和存在理由。他的结论似乎过于笼统、公式化,甚至非常平庸。例如,他告诉我们,"不可思议之意象":

- "是那类令人恐惧的东西,它使人回到古老的、长期熟悉的事物中去。"
- "是'那些引起我们内心的强迫性重复'的事物。"
- "由被压抑的、令人恐惧的、反复出现的事物组成。"
- "是某种隐秘且熟悉的事物(*heimlich-heimisch*)……在受到压抑过后显露出来。"
- "来自被压抑的熟悉事物。"

然而,简单地将不可思议之意象与"被压抑事物的回归"联系起来,似乎有点像电影《卡萨布兰卡》(Casablanca)中的上尉(由 Claude Rains 饰演),疲惫地指示他的警官围捕那些嫌疑惯犯。

Freud 为他的读者提供的关于"不可思议之意象"的例子——从词源学、文学、个人、系统发育等角度提出——彼此之间并没有很紧密的联系,但他希望能借此为"不可思议之意象"问题提供一个令人信服的解决方案。他引用的许多经验类别只是有时伴随着一种"不可思议"的感觉。当所述的条件被满足时——例如,被压抑事物的回归、强迫性重复、涉及泛灵论思想等等——相关的感觉就又并不完全是"不可思议"的了。结果是,Freud 的论文,就像他对 Hoffmann 的小说《魔鬼的万灵药》的评价那样,似乎包含了"一大堆被人归结为不可思议的主题""太多的同类材料的堆积"。

尽管最初有一些顾虑,但我确实认为 Freud 有试图解决这些问题的潜在兴趣。那么,是什么事情阻碍了他的后续研究?

1919 年,当《不可思议之意象》写成时,他正在一战后希望幻灭❶、奥匈帝国土崩瓦解、许多治疗方法都未达预期等众多困难中挣扎:

---

❶ 在《论短暂》(*On Transience*)(1916)[307] 中,他谈到战争"击碎了我们对自己文明成就的自豪感……暴露了我们的本性,释放我们体内的恶灵。我们原以为这些恶灵已经被几个世纪绵延不断的高等教育所驯服了"。

> ……某些病人仍然无法得到任何形式的有效治疗。更糟糕的是,当这些病人处于治疗状态时,他们的病情却在恶化。
>
> (Roudinesco,2016)[220]

后一种情形在其对他的朋友和恩人 Anton von Freund 的分析案例中的体现尤其明显。Freud 曾希望通过对 Anton von Freund 的神经衰弱的分析来防止他的癌症复发,而随后这位朋友在 1920 年 1 月死去,这给 Freud 带来了沉重的打击(Roudinesco,2016)[203]。

世界大事、临床方面的挫折和个人的损失是否与 Freud 对衰老、死亡日益加深的认识交织在一起,以致他形成了某种抑郁情绪?从 Roudinesco(2016)[469]的传记中我们得知,在 1919 年 1 月,Freud 表示希望他的身体被火化,到了第二年的 1 月:

> 他不断地想象着自己以及最亲近的人的死亡,担心着身体和容颜的衰老,以及他的旧病:膀胱和肠道的疾病,鼻腔化脓。他担心自己会比母亲先死,而且他更关心的是,一旦发生这种情况,他决不能让母亲知道真实情况。

所有的这些会不会消耗了他的精力,分散了他的注意力?当 Freud 在写《超越快乐原则》时,他一定处于巅峰状态,但在写这篇论文时,他可能还没有整理并着手解决他遇到的问题,而且他与死亡和衰老的对抗也使他付出了代价。

当 Freud 写下《不可思议之意象》时,死亡是他的心头之患,这一点可以从他对死亡、鬼魂、精神世界和生命-非生命二元论的多次提及中推测出来。正如在 Hoffmann 的故事《沙人》中,父亲的死亡与谵妄(精神病)是关键的背景因素,死亡和衰老似乎也是 Freud 第二个"不可思议"的个人案例的背景要素。

在第一个例子中，Freud发现，当他在那个陌生的意大利城市步行游览时，他迷路了，并且发现自己不断地回到红灯区，这是很不可思议的。在下一个例子中，他在夜间独自乘坐火车，见到一个老先生要进入他的车厢，他感到惊愕，并被自己的这种"惊愕"反应吓了一跳。当然，这个"老先生"只不过是他自己在车厢玻璃门镜中的倒影而已。Freud在这里讨论了"双重自我"问题的"不可思议"性，但这个问题更像是"衰老的侵袭"，它暗示着他的反应是一种惊悚和不祥之感。在文中，这个例子出现在对死亡、遗愿和全能妄想的讨论中，可以认为这个例子是对这些话题的一种联想。

注意到Freud的两段个人记忆与先前的否认相矛盾可能也很重要。为什么他以第三人称谈论自己——这一手段可能为我们提供另一条线索以理解他的思维方式和愿望。他告诉我们，他，即"作者"，对 *unheimlich* 的感觉相对陌生："他已经很久没有经历过或听说过任何让他感到不可思议的事情了。"对第三人称的否定和选择是否意味着有什么东西是Freud希望避免的？

2

在这一节，我想谈谈我在Freud对不可思议之意象的探索中找到的一些未发觉的隐喻。这将涉及潜意识理论、原始心灵状态和精神组织的本质。作为背景，我要先提醒读者，在1919～1920年期间，临床经验使Freud把对神经衰弱的研究，转向对精神病边缘状态以及古典精神分析边界的研究。而Freud之后的Klein、Bion、Winnicott和Green等人对这一分析理论和技术的拓展研究，在当代精神分析思想中仍然占据着中心位置。考虑到这些后来者的贡献，我们又回到了Freud最早的一些对潜意识、心理现实和认知局限性的思考和整合上。

早在《癔症的研究》（*Studies on Hysteria*）（1893）中，Freud就提出，存在的内在核心是不可触及的。他把癔症的心理结构描述为一系列的主题，"集中地围绕着病源性核心分层""试图直接渗透到致病组织的核心是完全没有希望的",他把"致病组织的内部层次(围绕着核心)"定义为"对自我的陌生化"。这种与一个人的可知自我意识(自我)格格不入的自我核心的想法,在投射中也得到了再一次的呈现(Freud,1895)。

许多当代的说法往往忽略了这个"不可作为代表的核心"的含义,而倾向于那些已经在概念上达到饱和(与单词相关)、被组织起来,然后从意识中消失的东西❶。对这些潜意识内容的表述强调了Freud(1915a,1923)所说的有组织的、不可接近的思想,这些思想在本质上是潜意识的,但被充分饱和的、可描述的思想和有组织的前意识元素所代表、联系和包含❷。

然而,在Freud写作的众多角度中,这种典型的(动力性)潜意识状态(Levine,2012),虽然是许多神经症症状的决定性因素,并与经典解释相关,但被认为只构成了Ucs和Id系统中相对较小的部分。这两个系统中较大的部分,我称之为非结构性潜意识(the unstructured unconscious)(Levine,2012),它虽不典型,但一直以各种形式出现在Freud的著作中:"事情"(Das Ding)、"现实"(the actual)、"梦的脐带"(the umbilus of the dream)和"本我"(the Id)。

潜意识心理组成的两个层次之间的差异与这样一个事实有关,即某个层次在意识形态方面是相对饱和的,因此有可能用文字来表达,用Freud(1915a)的原始术语来说,文字的呈现仍然与事物的呈现相联系或"焊接"在一起;而另一个层次不能被完全付诸意识形态——事物的呈现与文字的呈现没有联系,因此事物呈现的意识形态意义保持着潜在形式的可塑性,这种性质在以前从来被发现过。

如何更形象地阐释这两种情况的区别?在前者(典型的潜意识状态)

---

❶ Roudinesco(2016)说过,Freud意识到并关注过这种过度"理性主义"的倾向,并担心这将导致自己的理论无法持续呈现出一种巧妙的、基于认识论辩证法的规律。她写道:"在第二阶段,从1920年到1935年……Freud对精神分析的合理性的核心部分提出了怀疑。他想通过这种方式来打击实证主义,因为实证主义从内部威胁着精神分析,会使精神分析转向非理性的猜测。"

❷ 在1915年,Freud写道,一些无意识的本能冲动"组织性很强,也不自相矛盾",在结构上,这些潜意识的本能冲动与那些有意识的或前意识的冲动没有区别,但"它们是无意识的,不可能变成有意识的"。他又说:"从**定性**的角度来看,它们属于**Pcs系统**,但事实上属于**Ucs系统**。"他在介绍结构理论时保留了这种区别(Freud,1923)[24]。

中，就好像所有的路标都被从一个陌生城市的街道上移开了❶，街道本身仍然和以前一样，但行车却变得很困难，因为路标的名字已经不见了；在后一种状态（非典型的潜意识状态）中，不仅街道上的标志没有了，道路也被打乱了，被犁掉了，变成了废墟。那么需要做的不仅是对街道的命名、定位，还要重建街道。

不知为什么，随着精神分析学的发展，人们往往忽视了 Freud 思想中组成潜意识的两个层次之间的区别。尽管与"非典型潜意识状态"的概念相类似的"非结构化的潜意识"确实出现在 Bion［O 的一部分永远不可能以已知（K）的形式出现］、Lacan（现实的印刻）、Winnicott（真实自体的不可知性）、Green（精神空虚和虚无的幻觉）、Laplanche（从他人的潜意识中产生的未破解的谜团）等的作品中。

这种不受控制的、神秘的、非典型的、不可表达的自我核心，正是源自与神秘他者的接触。因此我怀疑非结构化的潜意识（Levine，2012）与不可思议的感觉有关，并促成了这种感觉的产生。

从存在主义的角度来说，我们每个人都可能面临着迷失的感觉，这种感觉可能是由于一个人不完全了解内心深处的自我，也不完全了解他人而造成的。

完全理解他人是不可能的，这是一个关于两个人之间建立关系的结构性事实，在这个层面上，这两个人每个人自身都有一部分处于婴儿状态。在对同胞的知觉过程中，即使我们能够进行理解和模仿，我们也总是无法把握住某些东西。

（Scarfone，2015）[91]

在一篇关于 Laplanche 作品的文章中，Browning（2016）[1042]对此进行总结道："我们潜意识的异己性被异己的来源——他者——所确认，并与之

---

❶ 本人在此向 Dominique Scarfone（2014）致谢，是她启发我去研究这个隐喻。她的灵感来自 U2 的歌曲（Where The Streets Have No Name）。

共鸣。"

在法国精神分析学中，用来描述这种"异己性"的术语是 *étrangèreté*，表示与自己内心深处的、神秘的、未被代表的和不可代表的潜意识接触而产生的感觉。翻译成英文就是 strangeness，它保留了核心自我和神秘他者的陌生性的双重内涵（Scarfone，2015）。

回到 Freud（1927）[16-17]，我们可以在《一个幻觉的未来》(*The Future of an Illusion*)中推测出对这种陌生感的暗示，他谈到"自然的人性化"——将人的动机归于非个人的力量——有助于缓解陌生感和无助感，并使人"自由地呼吸，在不可思议的体验中感到自在"。在《精神分析概要》(*Outline of Psychoanalysis*) 中，Freud（1940）[196]重申，"'现实'将是永远不可知的"，在其后期的一本著作中，他指出，"神秘主义是在自我和本我之外的领域产生的模糊的自我感知"（Freud，1941）[300]。

因此，Freud 暗示，客观的、无人性的、无视物质宇宙规则的态度，以及他者的冷漠、神秘、不可理解的存在，才是自我的不可触及和不可知的核心所在。这个神秘的核心正好出现在精神病的恐怖根源以及我们称之为不可思议的感觉中。

Bion（1970）[11]假设，"心理空间……（是）一个自成一体的东西，是不可知的"。对于那些缺乏容忍现实的能力、不能将挫折转化为心理表征的病人来说：

> 心理空间被认为是一个巨大的、无法用天文单位来表示的空间，因为它根本无法被表示。
>
> （Bion，1970）[12]

这样的空间似乎是无边无际的、无限的，我们对它的觉知，就像一个人面对死亡时的恐惧感，很可能伴随着神秘化、巨大的恐慌或接近精神病性的恐惧。在这里，我们可以想到 Tustin（1990）对无限坠落的描述。她认为自闭症儿童会感受到无限的坠落、溢出、溶解等。正是这种永恒的毁灭感，使自闭症患者开始把自我保护状态寄托于有形的东西和物品上。

在 Bion（1970）的理论中，α 功能*、表征和真实思想的创建似乎是晚期的进化性适应，它允许一个人的心理空间感变得有分区和界限，也允许他去理解那些可操纵的、部分可知的广泛领域。Bion 的观点与 Freud 的心理发展图景中的某种趋向相吻合，在这种图景中，意识形态的呈现是一种终生的、永无止境的、永远无法完成的尝试，以包容、阐明和理解一个人的情感、知觉和身体感觉❶。

如果这种创造表象的能力被削弱或严重不足，由此产生的心理空虚就容易使人受到各种形式的、难以忍受的、灾难性的焦虑的影响，这种不可名状的恐惧反映了对无限、不受控制、不可遏制、向虚空扩展的趋向。

Puget（2002）[644]这样说：

一般来说，"无法忍受"与身体和精神上的崩溃、界限的丧失和毁灭性精神现象的出现有关。

我们在 Winnicott（1974）[104]那里看到了类似的观点，他将与非典型潜意识的接触描述为一种原始痛苦❷爆发的时机。这可能是精神疾病的源头。"将精神病视作一种崩溃是错误的。相对于原始痛苦来说，它是一种防御机制。"

据 Winnicott 所说，过早地在环境供给方面表现出创伤性失败，可能会导致潜意识中的一个非典型区域出现无法被表述、与自我和自我意识完全不同的东西。

---

* α 功能是指在一个人的心理，有一种基本的认知能力，能够接受外部刺激并将其转化为可处理和理解的内部经验。这个过程是通过将感觉经验与情感和思想结合起来，形成一种内部的心理表征，以便理解和处理感知到的信息。——译者注

❶ 在其他地方，我把这种同质化的需求描述为**表征的需要**（Levine，2012）。

❷ Winnicott 将这些痛苦列举为：回到未整合的状态；永远地坠落；心身整合的中断或失败；真实感的丧失；丧失与客体建立关系的能力。

让我们回忆一下 Freud（1911）在 Schrebe 的案例中谈到的，从现实的表象中抽离出的力比多的固着（cathexes）是精神病的主要病源。更常见的精神病症状——偏执狂、妄想、幻觉等等——被看作恢复秩序、遏制和限制的补偿性尝试，并在与这个巨大的、无限广阔的内部空间的接触中保护自我，使其不至于破碎。因此，对 Freud 来说，精神病也是一种心理组织，是一种孤注一掷的最后尝试，以创造某种秩序，作为对患者那无休无止、爆炸性扩张的空虚感的抵抗性保护，这种空虚感让他们有苦难言，无法忍受。我相信，正是这种对空虚的感知和由此生发出的感受，才是我们称之为"不可思议"的情绪的核心所在。

参考文献

Bion, W. R. (1970). *Attention and Interpretation*. New York: Basic Books.
Browning, D. (2016). Book Review: Laplanche: From the Enigmatic Message of the Other to the Unconscious Alterity Within: *The Temptation of Biology: Freud's Theories of Sexuality*. By Jean Laplanche. Translated by Donald Nicholson-Smith. *Between Seduction and Inspiration: Man*. By Jean Laplanche. Translated and With an Introduction by Jeffrey Mehlman. *JAPA*, 64: 1037–1050.
Freud, S. (1893). Studies on Hysteria. In *S.E.*, *II*.
Freud, S. (1895). Project for a Scientific Psychology. In *S.E.*, *I*, pp. 283–398.
Freud, S. (1911). Psycho-Analytic Notes on an Autobiographical Account of a Case of Paranoia. In *S.E.*, *XII*, pp. 3–84.
Freud, S. (1914). On Narcissism. In *S.E.*, *XIV*, pp. 67–104.
Freud, S. (1915a). The Unconscious. In *S.E.*, *XIV*, pp. 159–218.
Freud, S. (1915b). Thoughts for the Times on War and Death. In *S.E.*, *XIV*, pp. 273–302.
Freud, S. (1916). On Transience. In *S.E.*, *XIV*, pp. 303–308.
Freud, S. (1917). Mourning and Melancholia. In *S.E.*, *XIV*, pp. 237–260.
Freud, S. (1919). The "Uncanny". In *S.E.*, *XVII*, pp. 217–256.
Freud, S. (1920). Beyond the Pleasure Principle. In *S.E.*, *XVIII*, pp. 3–68.
Freud, S. (1923). The Ego and the Id. In *S.E.*, *XIX*, pp. 3–68.
Freud, S. (1927). The Future of an Illusion. In *S.E.*, *XXI*, pp. 3–58.
Freud, S. (1940). An Outline of Psycho-Analysis. In *S.E.*, *XXIII*, pp. 141–254.
Freud, S. (1941). Findings, Ideas, Problems. In *S.E.*, *XXIII*, pp. 299–300.
Levine, H. (2012). The Colourless Canvas. *IJPA*, 93: 607–629.
Puget, J. (2002). The State of Threat and Psychoanalysis: From the Uncanny That Structures to the Uncanny That Alienates. *Free Associations*, 9 (4): 611–648.
Roudinesco, E. (2016). *Freud*. Cambridge, MA: Harvard University Press.
Scarfone, D. (2014). *Personal Communication*.
Scarfone, D. (2015). *The Unpast*. New York: The Unconscious in Translation.
Tustin, F. (1990). *The Protective Shell in Children*. New York: Brunner/Mazel.
Winnicott, D. W. (1974). Fear of Breakdown. *The International Journal of Psychoanalysis*, 1: 103–107.

以弗洛伊德与费伦奇之间的历史性分歧为核心探讨不可思议之意象❶

蒂里·博卡诺夫斯基（Thierry Bokanowski）❷

精神分析学花了超过二十五年的时间（1908~1933）来研究 Freud 和 Ferenczi 在他们关系最稳定时期的最后几年中产生的巨大分歧——Freud（1919）在《不可思议之意象》中提到了某些过程。至于这段关系中的两位，他们不知道的是，他们每个人都可能同时是分歧产生的"起因"和结果。

本文结合应用精神分析学和元心理学，旨在对一种心理知觉过程的分析进行讨论。该过程将一种不安的、由熟悉的事物或情境的再现而导致的状态，转化成了一种全新、陌生的，有时甚至令人惊恐或感到恐怖的状态（其他相关主题还有双重自我的问题、强迫性重复、全能妄想等等）❸。

也许正是存在某种古怪和令人不安的气氛，导致在 Freud 和 Ferenczi 关

---

❶ 由 Andrew Weller 翻译。

❷ Thierry Bokanowski 是一位精神病学家和精神分析学家。他目前是巴黎精神分析学会（SPP）的培训和督导分析师。他在各种杂志上发表文章，并以法语和英语参加著写了许多关于精神分析的集体作品。他还写过三本书：《精神分析的实践》（The Practice of Psychoanalysis）（2006）、《分析过程：旅程和途径》（The Analytical Process: Journeys and Pathways）（2017）和《桑多尔·费伦齐的现代性：他在精神分析中的历史和当代意义》（The Modernity of Sándor Ferenczi: His Historical and Contemporary Importance in Psychoanalysis）（2018）。

❸ 值得一提的是，《不可思议之意象》（1919）是 1915 年左右开始的超现实主义运动的核心论题之一。这场元心理学运动始于 1915 年左右，从 1920 年开始（从第一"地形学"到第二"地形学"的过渡时期）逐渐扩大影响力，是众多元心理学运动的核心之一。

系稳定的最后几年里，他们之间产生了对某些影响深远的理论和技术的分歧。Balint 在《基本错误》(*The Basic Fault*) 中评论道：

> 作为历史性事件，Freud 和 Ferenczi 之间的分歧对精神分析世界造成了冲击。像 Ferenczi 这样的精神分析技术十分完美、写出大量经典论文的大师被蒙蔽到如此程度，甚至 Freud 的反复警告也不能使他认识到自己的错误；Freud 和 Ferenczi，这两位最杰出的精神分析学家，都无法理解并正确评价对方的临床发现和理论思想。这一历史事件的冲击是如此令人不安，以至于人们对它的第一反应是惊恐地回避。
>
> (Balint，1968)[152-153]

那么究竟发生了什么，使与 Freud 关系最亲密且卓越非凡的弟子在一再警告之下，仍选择偏离正统呢？二十多年前，二人因精神分析而志同道合地走到了一起，如今这怎会成为他们分道扬镳的原因呢？是什么导致了精神分析的创始人，不再能够理解和评价 Ferenczi（Freud 一度认为 Ferenczi 是其继任者）的临床发现呢？

Ferenczi 的行为似乎更令人费解，因为他不仅是一位杰出的临床医生，同时也是一位不屈不挠的治疗师。在别人失败后，他证明了自己可以成为他人的"救世主"。在治疗过程中，他一直试图克服阻力带来的障碍和限制，以及某些病人的自恋困境所带来的问题（Bokanowski，2018）。

1. "1920 年转折点"的余波

第一次世界大战之后（事实上，早在 1914 年，对"狼人"的分析对一些长久以来板上钉钉的概念提出了质疑），Freud 同包括 Ferenczi 在内的一些分析师开始质疑他们分析实践的结果。他们无法摆脱强迫性重复所带来的混乱逻辑。因为在治疗上陷入了绝境，他们被迫反思需要采取哪些措施，以解决这些问题。

即使是建立在组织基础上的第一批概念，对"婴儿期神经官能症"等仍然是有效的，但它们被证实不太精确且有局限性，无法解释其相关的失望感和强迫性重复，或是达到"超越快乐原则"的目标（Freud, 1920）。此外，他们还强调了这种驱力的破坏性，解放这种力量会阻碍调动力比多的能力。

虽然分析的主题仍然是对抗阻抗和解除压抑，但被压抑事物的反复出现有时会阻碍回忆的过程。因此，分析遇到的困难是，病人无法通过参照自己的记忆来确认内部系统是否得到了（重新）构建。

因此，移情性精神官能症（其应该允许对过去的重新认识，也允许俄狄浦斯情结的复苏）也可能成为解除压抑的障碍。所以，面对移情性精神官能症概念的"局限性"，以及临床经验带来的失望，分析师们开始考虑修改概念。

在破坏性驱力的经济性原则方面，Ferenczi 不太倾向于追随 Freud 的观点。Ferenczi 认为他的分析实践方式才是最重要的。他在 1924 年与 Rank 合写的《精神分析学的发展》（The Development of Psychoanalysis）一书中阐明了这一点，以回答 Freud 在 1922 年的会议上提出的问题："技术在多大程度上影响了理论，它们在多大程度上相辅相成或相互阻碍？"❶

2. 第一次不合:《精神分析学的发展》(1924)

在他们的文章中，Ferenczi 和 Rank 倾向于将研究当时被普遍接受的临床思维作为参考。

他们以 Freud（1914）的文章《记忆、重复和修通》（Remembering, Repeating and Working-Through）为出发点，对其进行了详细的讨论。他们认为，为了"将再现的材料转化为实际的记忆"，必须在分析中被修通的

---

❶ 这次大会的主题是"分析技术和分析理论之间的关系"。

不是记忆，而是强迫性重复——对他们来说，这是移情唯一真正的表现。事实上，正是这些原本无意识的重复事件，才是"真正的无意识材料"，有利于记忆。对他们来说，每一次重建，无论它多么有相关性且有根据性，都是没有效果的，除非"被分析者"（病人）能够在治疗过程中重温移情重现的"当下"，或类似的东西。

移情仍然是一个必须解决的障碍，它必须被认为是无意识倾向的表现，这些无意识倾向于试图能被意识到。因此，他们建议分析移情的"经验"（*Erlebnis*），而不是对记忆和被压抑的幻觉的真实回忆：情感必须服务于意义。

重新评估阻止康复的因素和分析治疗的局限性后，他们不认为阉割情结是可分析性的唯一指标。他们认为，对自恋症的分析——当时被认为是一种反面教材，可能与保护自己免受更深层分析的意图相关。

这个命题是根本性的。精神分析师第一次强调需要考虑到病人所受的自恋性痛苦。这开辟了倾听"疑难病例"或"边缘病例"的道路，其中非神经质的移情因此被发现。

因此，学者们对精神分析技术的兴趣很大程度上是由这两位作者调动的：他们提出了主动技术（the active technique）（Ferenczi）——将重点放在体验上，并在分析领域中主动促进创伤性体验的再次展开，而这些体验在其他情况下无法得以重现。

此外，他们还强调了在分析中要尽可能放弃理论假设。他们建议以一种新的方式来处理每一个新的案例。也就是说，对新的体验保持开放态度。

很明显，对他们来说，接收病人的材料主要是在互相修通的过程中发生的。这就强调了分析师反移情的重要性，也强调了个人分析的重要性。Ferenczi试图使这一观点成为"分析的第二条基本规则"（second fundamental rule of analysis）。他认为，必须不断在临床和实践中重新评估理论。两位作者最后建议简化技术以缩短治疗时间。

撇开最后一点，它与Freud的正统观念仍然有非常明显的分歧。我们可以看到，这些开辟了新领域的主张，在当时是革命性的。因此，从分析师的反移情参与角度出发来进行分析工作，即从他/她的情感体验的角度出发，会更容易接近深层次的心理状态（因为退行）。这是一个重要的进步，标志着分析概念和实践的真正转折点。

《精神分析学的发展》在委员会成员（包括 Ferenczi 和 Rank 在内的"核心圈子"）中闹得沸沸扬扬，因为此前其他成员对出版一事毫不知情（只有 Freud 知道）。这违背了委员会成立时的决定，成员彼此之间也出现了罅隙，"这与我们曾相互承诺过的情况大相径庭"（Jones，1957）[58]。此外，许多人对这本书的内容提出了更多反对意见。"掩盖在文本背后的，是 Rank 关于出生创伤的想法和 Ferenczi'主动性'的技术方法论，这两种方法都是为了缩短分析时长。"（Jones， 1957）[59]

关注此事并不时感到困惑的委员会成员们对这种侵权行为十分担忧，要求 Freud 表明立场。1924 年 2 月 15 日，他向委员会的所有成员发出了一封通函：

正如 Ferenczi 在维也纳所说的那样，这种偏离我们"经典技术"的做法肯定会带来许多危险，但这并不意味着无法避免危险。就技术问题而言，我们是否可以以另一种方式开展工作？我认为两位作者的实验是完全合理的。我们先看看结果。Ferenczi 的"主动疗法"（active therapy）对雄心勃勃的初学者来说是一种危险的诱惑，并且几乎没有任何办法阻止他们进行这样的实验。我也不会掩饰我的另一种印象或偏见。在我最近的一次生病中，我了解到刮掉的胡子需要六个星期才能重新长出来。距离我上一次手术已经过去了三个月，我仍在忍受疤痕组织的变化。所以我很难相信，仅仅在四到五个月或稍长的时间内，一个人就能深入到无意识的最深处。就我个人而言，我将继续进行"经典"分析。

(Jones，1957)[63]

正是在这里，Freud 和 Ferenczi 之间出现了第一次意见分歧。尽管当时还不能说是分歧，只是观点的不同（在对忠实于教条的怀疑和对新建议的不安感的背景下，这些建议倾向于导致界限的摇摆以及对某些已确立的边界的废除）。然而，由于对Ferenczi提出的某些技术/实践和理论建议的误解，观念上的不同变得更加突出，并随着时间的推移（1928~1933）变成了真正的分歧。

3. 技术上的冒险

Ferenczi深信，只有分析实践才能使临床观察和经验密不可分，尽管Freud在最近的通函中发表了评论，但他仍然认为，只有从技术角度进行分析实践才能推动理论领域的发展。

在此基础上，他不断强调，技术可以而且必须根据分析治疗过程中遇到的困难或障碍而进行必要的修改、调整和发展，因为这些都需要分析师的"主动"参与。

现在，我们可以将Ferenczi提出的技术发展分为两个阶段：

- 第一阶段的主动技术（也称为活跃期）是基于分析师发出的警告和禁令：它在20世纪20年代早期被提出后一直沿用至今。Ferenczi因对他所得到的结果感到不信服，对这种方法提出了质疑，并放弃了它。（Ferenczi，1926）

- 第二阶段的"技术实验"——从1927/1928年到1933年——从"技术弹性"阶段开始，接着是另一个被称为"放松"或"新宣泄"的补充阶段，随后是短暂的"相互分析"。

这些技术性命题使他逐渐向自己发问：是否实际上存在两种完全不同的分析概念，而它们又不相互排斥：

- 一种是最经典的、Freud式的、正统的，基于父子关系的方面，解除压抑、记忆重现、内部结构的重建和获得内省力（$Einsicht$）。

- 另一种，他认为渗透得更"深入"，侧重于关系中的母性方面，因为它有利于个人体验、互动、非言语交流和"感觉"（$Einfühlung$），因此，更倾向于退行。

因此，试图考虑由修改分析师角色和分析环境的概念带来的分析倾听的转变（特别是基于反移情），并赋予退行新的意义，这似乎使其有可能——在补充重建理论模型的同时——解决"病人内在的小孩"的问题，即他的婴儿期经历的问题。这使他提出了关于**创伤性体验**的影响和心理组织中的**创伤**的影响的新观点。

此外，他还提出，由于优先考虑幻想和心理内部冲突的组织，分析师们低估了甚至忽视了幼年时期实际创伤经历的重要性。

4. 技术弹性、放松和宣泄

当所谓的"主动"技术因其产生的局限性和失败而受到质疑时，Ferenczi 选择了一种完全相反的视角，其主轴是一种引入"灵活弹性"（flexible elasticity）概念的技术（Ferenczi, 1928）。他建议，分析师应该把注意力集中在病人对他的期望上，他应该使他的技术方法有足够的灵活性，以避免无谓地挫败这种期望。

因此，他建议分析师在使用他所称的"机敏"（tact）（"机敏是与患者一同感受的能力"）的同时，应将自己置于能够与患者"共感"（feel with）（*Eiffülhung*）的境地，这使人能够了解何时、如何以及以何种形式向患者传达或解释某些东西。这种同理心的态度必须与所谓的善意技巧相结合，即让患者真正感受到分析师的宽容和耐心。因此，他推荐了一种技术，如"弹性带"，使分析师能够"屈服于患者的拉力"，换句话说，屈服于他的退行倾向。

因此，问题是要知道这种**弹性**技术的极限是什么；换句话说，分析师可以用这种技术把他的病人带到**多远**？这种分析过程的新方法，使他重新阐述了对精神分析师在治疗过程中需要做的工作的看法，特别是对**反移情**的看法。面对问题病人的分析任务，他试图找出他所说的"分析过程中分析师心理过程的元心理学"的动机。

他有力地重申，精神分析的**第二条基本规则**是**分析师的分析**。他提出的观点是，在分析情境中，分析师不仅需要"严格控制自己的自恋，而且要敏锐地监测到各种情感反应"，这可以归结为不断地在"感觉、自我观察和判断活动"之间摆荡。分析师既需要倾听他的病人，同时要能够反思他自己与客体有关的、自恋的、认同的和智力上的力比多投注。

在这些声明的基础上，Ferenczi 发起了一个**新的理论/临床转折点**，其基本提纲载于他 1929 年在牛津举行的第 11 届国际精神分析大会上的报告，并于 1930 年以《放松和新宣泄的原则》(*The Principle of Relaxation and Neo-catharsis*) 为题出版。在这篇文章中，他建议采用一种有助于营造合适的"心理氛围"（psychological atmosphere）的技术。在分析中，不应重复那些似乎支配着婴儿创伤体验的组织的情境——如果过于严格地应用所谓的经典技术，就会出现这种情况。

在他看来，通过分析将创伤性事件带回意识，使其重复发生，然后以善意的疏离（中立）来观察它们，在其结构上，似乎是一个与主体原始创伤的基础和组织相同的过程。因此，为了创造一个合适的氛围，分析师首先必须是可靠的，不被职业的虚伪所玷污，这意味着病人和分析师之间需要一个私人的、真实的、有特权的关系，这样病人才能逐渐对分析怀有信心。

分析师的可靠性是所有情况下的一项基本要求。无论患者在言语或行为上走向何种极端，他都对患者保持着一种"坚定不移的仁慈"（unshakeable benevolence）。他创造了一种新的技术，称为"放松"或"新宣泄"，这是一种几乎由无限容忍［"容许原则"（principle of permissiveness）］构成的技术。它将鼓励分析师尝试感知并思考与诱惑物的分量与印记相关的重大心理和创伤事件，有时这些事件真实地发生在患者的独特经历之中。

因此，对于 Ferenczi 来说，这项技术可以帮助分析师揭示患者与原始创伤压抑相关的心理过程，甚至可能是创伤经历的本质。因为它有助于退行，它允许患者在缺乏一切形式的精神记忆的情况下，也能够表达出身体象征意义，使分析人员能够在意识到他所遭受的创伤经历后，直接与患者的内在小孩接触。

在 1929 年 12 月 25 日写给 Freud 的一封信中，Ferenczi 重申了他的"容许原则"是如何引导他的，以及这些原则是如何促进患者退行的。

简洁起见，本人与您分享以下结论：

1. 在所有我深入了解的案例中，我都发现了疾病的创伤/歇斯底里的基础。

2. 在我和患者成功的地方，治疗效果显著得多。在许多情况下，我不得不请已经"被治愈"的患者继续后续治疗。

3. 在这个过程中，我逐渐形成这样一个批判性观点，即精神分析过于片面地进行强迫性神经症和性格分析，即自我心理学，忽视了分析的官能性——歇斯底里的基础；原因在于其高估了幻想，而低估了发病机制中的创伤性现实……

4. 新获得的经验（尽管它们基本上很快就会回到旧的东西上）自然也会对技术的细节产生影响。某些过于严厉的措施必须被放宽，但不能完全忽略教导的次要目的。

(Freud et al., 2000)[376]

其中，Ferenczi 声明了对幻想的高估，以及对创伤现实在发病机制中的低估，并补充必须要放宽某些过于严厉的措施，这明确宣告了即将到来的研究和主张。

第二年，Ferenczi（1931）在其为庆祝 Freud 七十五岁生日发表的论文《成人分析中的儿童分析》（Child-analysis in the Analysis of Adults）中，进一步阐述了他的推理路线。Ferenczi 让人们了解到，他有时通过尽可能地屈服于病人的愿望和情感冲动而给予他们某些满足，这种放纵的技巧可能会导致身体上的柔情交流，就像母亲和孩子之间的交流一样。

Ferenczi 因此断言，以温柔的方式照顾患者，与他一起扮演一个慈爱、宽容和顽皮的父母的角色，有助于分析师抛弃自己，进入被动客体之爱的所有早期阶段，并使分析师有可能解决"创伤发生机制"，以期补救患者存在的不愉快的生命开端。

5. "亲吻技术"

Ferenczi 在这些技术上的推进，导致了对治疗设置真正的颠覆，及各种形式的对诱惑的放任，即使不是实际发生的诱惑——象征性的诱惑相当于移情关系中的乱伦越轨行为。面对这些推进，Freud 直言不讳地提醒 Ferenczi，这些技术性措施，其中包括亲吻病人或在治疗结束时以满足的名义让自己被病人亲吻的措施直接违背了迄今为止建立的方法：

> 到目前为止，在技术上，我们一直坚持这样的观点，即应该拒绝患者的性满足。你也知道，在无法得到充分满足的情况下，在恋爱、舞台等场合，较少的爱抚会很好地发挥作用。
>
> (Freud et al., 2000)[422]

随后，Freud 向 Ferenczi 发出了一个坚定的警告，说明应用这种技术并将其公之于众，产生的效果也许不会因亲吻而停止，他还补充道：这种技术并非不具有幽默的成分。这可能会导致分析师和被分析者对分析的兴趣大大增加。Freud 预测，当面对其方法可能导致的灾难性场面时，Ferenczi 会对自己说："也许我应该在亲吻之前停止我的技巧或母性的温柔。"（斜体为 Freud 所标）

6. "相互分析"

Ferenczi 对"放松"技术取得的结果感到相当不满意，并且仍然本着对由"诱惑/创伤"引出的问题进行研究的精神,他试图用另一种终极技术"相互分析"(mutual analysis)进行实验,并持续了几个月之久。

这种技术意味着,在分析过程中,经常会预先安排一些治疗环节,在这些环节中,不再是分析师进行分析,而是由被分析者对分析师进行分析。Ferenczi 期望这种新方法能够对在最棘手的治疗中遇到的移情/反移情的僵局有一定的效果。此外,这也是他在《临床日记》(*Clinical Diary*)中的日常频繁思考、直觉和假设的来源。尽管他自 1932 年 1 月到 10 月都一直在记日记,但他并不打算将这本日记出版。

在没有预见到其不可估量的意义的情况下,Ferenczi 试图在他的反移情立场和创伤性激情客体的内在存在之间建立一种联系,这些激情客体在分析中通过病人的移情出现,其特征是**模仿、服从和否认对分析师的憎恨**。在治疗过程中,激情移情成为这样一种方式:支配着自我内部分裂组织的创伤性历史条件得以重新实现。如果分析者认为有必要认识到他自己对病人的同样充满激情的情感,并让他知道这一点,就可以分析这种激情的移情。正如他在《语言的混乱》(*The Confusion of Tongues*)(1933)[160]中断言:通过这种方式,分析师创造了"建立现在和难以忍受的、造成创伤的过去之间的对比的信心"。

因此,当患者因感觉分析师无法提供可靠的支持、缺乏信任而无法真正依赖分析师时,"相互分析"提供了有关分析师心理素质的指示;因为患者将有机会在某些时刻成为分析师的分析师,能够了解到分析师的弱点,从而更好地保护自己免受创伤性理想化的伤害。

然而,Ferenczi 不得不再次承认这样一个事实,即这种终极技术只是加强了其最初被创建时的情况,即分析师和分析场景对患者的引诱。他总结道,鉴于他在处理某些棘手案例实践中仍存在反移情的问题,"相互分析"揭示了其个人分析的不足。因此,他在 1932 年 6 月 3 日的《临床日记》中提出了痛苦而激愤的意见:

由于对分析师自身的分析不够深入,相互分析仅仅是"最后手段"。在

没有任何义务的情况下，由一个陌生人进行的适当分析效果甚至会更好。

(Ferenczi，1932)^{xxii}

7."语言的混乱"

不久之后，在 1932 年 9 月，Ferenczi 为在威斯巴登举行的第 12 届国际精神分析大会写了一篇论文，题目是《成人和儿童之间的语言混乱：温柔和激情的语言》(Confusion of Tongues between Adults and the Child: The Language of Tenderness and Passion)(Ferenczi, 1933)。他一直在寻找创伤背后的一种因素，无论是在主体的心理组织中还是在分析中，他在第一行就强调需要考虑到环境的影响。"对外在因素的探索不够深入，会导致（一种）危险。"

从这一假设出发，Ferenczi 谴责分析师某些无意识的反移情态度所引发的风险——特别是如果分析师试图过于严格地运用自己的技术，并且当他表现得像一个受教学激情驱使的教育家时。Ferenczi 将婴儿**温柔和天真**的情欲与成人**激情**的性欲进行了对比，后者在**言语上的混乱**导致了儿童的创伤。

因言语混乱而受到创伤的儿童，与因分析师的**职业虚伪**而导致其早期创伤经历重现甚至加剧的病人存在相似的地方。Ferenczi 试图通过类比来描述分析中的病人（也可以说是一个孩子）。病人的兴奋和无助，被过度的、内外部都存在的激情所淹没，由于既没有发泄的方式，也没有阐述的手段来处理它，因此，他会发现自己处于一种完全痛苦或无助的状态（*Hilflosigkeit*），这种状况就像创伤本身一样使人感到挫败和创伤。

这种临床情况促使作者提出了以下概念：对侵犯者的认同，儿童内摄了成年人的内疚感（这会给儿童带来一种混乱的感觉）。成人除了对孩子施加富有情欲激情的爱和惩罚之外,还会带来痛苦的恐怖阴影。也就是说,在这种情况下,孩子为受害的父母承担责任、修复和照顾他们成为一种义务。这可以作为对情欲激情状态和与之相关的反移情的解释。

8. 理论上的差距

当 Ferenczi 在威斯巴登大会上向 Freud 提交他的论文时,这些主张立即遭到了后者的反对。气氛从一开始就非常冷淡,Freud 粗暴地拒绝了他的提交,并要求他除非改变自己的立场并提出更多易于让人接受的观点,否则不能提交论文。

在给一位值得信赖的朋友(Izette de Forest)的信中,Ferenczi 讲述了这次遭遇:

当我拜访教授时,我告诉他我最新的技术想法(……)教授听着我的论述显得愈加焦躁,最后他警告我,我正在踏入精神分析技巧中一处危险的领域。这种对病人欲望的屈服——无论多么真诚——都会增加他对分析师的依赖。这种依赖性只有通过分析师的情感撤退才能结束。(……)这一警告结束了我们的谈话。告别时,我伸出手想要握手以表亲切,教授却转身背对着我,走出了房间。

(Fromm,1959)[64-65]

分析学界的众人注意到这些分歧后,迅速陷入了巨大的骚动之中。这两个人之间纷扰的关系、悲伤的命运,以及 Ferenczi 的颠覆性的理论,无疑给精神分析学界带来了一次巨变。

无论 Ferenczi 对理论进一步的发展对随后的几代人来说是多么的新颖、有创意,它们还是不可避免与 Freud 的理论发生了冲突。这一点可以从他 1932 年 10 月 2 日给 Ferenczi 的信的摘录中看出。

两年来，你一直在有计划地远离我。你可能自己已经形成了一种敌对状态，这种敌意发展如此之深以至于你不能表达自己……我身上的这种创伤性影响已经消散了，我准备好了，也习惯了……客观地说，我想我可以向你指出你的结构中的理论错误，但我又为什么要这么做？我相信你不会受到任何怀疑。因此，我没有什么可说的了，只能祝你一切顺利，尽管目前的情况可称不上顺利。

（Freud et al., 2000）[445]

对 Freud 来说，现在已经打开了一个真正的理论缺口，其分界线是对婴儿期创伤的定义，这在某种程度上直接导致 Ferenczi 将分析技术与分析方法本身混淆起来。

因为尽管 Freud 最初认为创伤性经验与诱惑有关，但在他于 1897 年放弃了他的神经症理论之后（在 1897 年 9 月 21 日给 Fliess 的信中，他宣称"我不再相信我的神经症"），这种诱惑就被认为是一种与潜意识的幻觉过程有关的事物：诱惑带来的幻觉以及幻觉带来的诱惑。

换句话说，对 Freud 来说，Ferenczi 从他的进步中取得的治疗和技术结果，特别是包括创伤性经验的外部来源（对象或环境）的那个结果，是一种倒退。因此，它也带有理论偏差的印记。

9. 抹去幻想与现实之间的界限

35 年后，Ferenczi 回归并扩展了 Freud 在放弃他的"神经症"之后所阐述的诱惑理论，并提议用一种新的"语言"来完成它。从此，儿童的天真温柔的语言被成人的激情语言所取代，即：一种以禁止、内疚和仇恨为标志的，带有情欲意味的语言得到了应用。

对 Freud 来说，他首先关注的是维护精神分析方法论的科学性，Ferenczi 所倡导的退行过程似乎与迄今为止建立的规则相悖。所提议的设置意味着过程不应受到分析师的行动化（"主动技术""弹性技术""新宣泄"等）的影响。

但是，对于他的思维方式来说，最陌生的，因而也是不可思议之意象的来源的是，Ferenczi 的主张可能会导致一种对界限的抹杀，（正如他在《不可思议之意象》一文中所指出的那样）幻想和现实之间的界限正在消失：正如我们所看到的，现实的元素重新出现，仿佛它正受到某个诱人事物的影响。

换句话说，真正令人感到不安和担忧的是分析师过度认同病人后会出现的风险。在强烈的反移情或深度退行的时刻，病人将不再能够想象出他自己内部的那个客体，因为分析师已经成为这个内部客体。这又会导致内部客体和外部客体之间的辨别和区分这一过程遭到阻塞，也就是象征化过程无法顺利实现。

换句话说，在分析过程中，由分析师对创伤因素的思考方式所引起的，被压抑的迹象（神经症）和退行的标志（对退行的依赖）都是值得关注的。分析过程中对创伤因素的思考方式可以成为新的研究切入点。

参考文献

Balint, M. (1968). *The Basic Fault*. London: Tavistock.
Bokanowski, T. (2018). *The Modernity of Sándor Ferenczi: His Historical and Contemporary Importance in Psychoanalysis,* translated by Andrew Weller. London: Routledge.
Ferenczi, S. (1926 [1950]). Contraindications to the Active Psycho-Analytic Technique. In *Further Contributions to the Theory and Technique of Psychoanalysis*. London: Hogarth, pp. 217–230.
Ferenczi, S. (1928 [1955]). The Elasticity of Psychoanalytical Technique. In *Final Contributions to the Problems and Methods of Psychoanalysis*. London: Hogarth, pp. 87–101.
Ferenczi, S. (1930 [1955]). The Principle of Relaxation and Neo-Catharsis. In *Final Contributions to the Problems and Methods of Psychoanalysis*. London: Hogarth, pp. 102–125.
Ferenczi, S. (1931 [1955]). Child-analysis in the Analysis of Adults. In *Final Contributions to the Problems and Methods of Psychoanalysis*. London: Hogarth, pp. 126–142.
Ferenczi, S. (1932 [1988]). *The Clinical Diary of Sándor Ferenczi,* edited by J. Dupont, translated by M. Balint and N. Z. Jackson. Cambridge, MA: Harvard University Press.

Ferenczi, S. (1933 [1955]). Confusion of Tongues Between Adults and the Child: The Language of Tenderness and Passion. In *Final Contributions to the Problems and Methods of Psychoanalysis*. London: Hogarth, pp. 155–167.

Ferenczi, S., and Rank, O. (1924 [2012]). *The Development of Psychoanalysis*. New York: Nervous and Mental Disease Monograph Publishing Company, Series No 40; Mansfield Centre, CT: Martino Publishing.

Freud, S. (1914). Remembering, Repeating and Working-Through. In *S.E., 12*, pp. 147–156.

Freud, S. (1919). The Uncanny. In *S.E., 17*, pp. 217–252.

Freud, S. (1920). Beyond the Pleasure Principle. In *S.E., 18*, pp. 1–64.

Freud, S. (1922). Prize Offer. In *S.E., 17*, p. 270.

Freud, S., and Ferenczi, S. (2000). *The Correspondence of Sigmund Freud and Sándor Ferenczi, Vol. 3: 1920–1933*, edited by E. Falzeder and E. Brabant, translated by P. Hoffer. Cambridge, MA: Belknap Press.

Fromm, E. (1959). *Sigmund Freud's Mission: An Analysis of His Personality and Influence*. New York, NY: Harper & Brothers Publishers.

Jones, E. (1957). *Sigmund Freud: Like and Work, Vol 3*. London: Hogarth.

"不可思议之意象"是一种长有羽毛的东西
（关于原初场景、死亡场景和"命运之鸟"）❶

伊格尼斯·索德雷（Ignês Sodré）❷

> 沙人的孩子们端坐在自己的巢穴中，他们的嘴像猫头鹰的喙一样状如尖钩，专用来啄食顽皮少男少女们的眼睛。
>
> E. T. A. Hoffmann

John Banville（2017）在 Kafka 的传记❸中评论道：Kafka 经常以动物作为主角，甚至作为叙述者。他本人的名字也很可能来自鸟类：Kafka 在捷克语中有"寒鸦"的意思。他补充了一个脚注："我忍不住要指出，当我写这一段的时候，一只乌鸦从我书房敞开的窗户飞了进来，好不容易才飞出去。"他也说："Stach 告诉我们，Kafka 的母亲的家族，即 Lowys 家族，曾经也被称为'Borges'❹。"Banville 继续说："我们不禁要问，伟大的阿根廷小说家是否意识到与他的捷克先驱存在这种公认的微妙联系？在 Kafka 的世

---

❶ Max Porter 的精彩著作《悲伤是长着羽毛的生灵》让我想到了我的标题。他的书名是受 Emily Dickenson 的《希望是长着羽毛的东西》的启发。

❷ Ignês Sodré 出生于巴西，在来伦敦英国精神分析研究所接受培训之前，她在巴西获得了临床心理学家的资格。她是英国精神分析协会研究员、培训和督导分析师。她曾在多国广泛任教，是伯克贝克学院第一位精神分析客座教授。她发表了许多关于精神分析和文学的论文，并出版了一本文集《想象的存在：对幻觉、小说、梦和白日梦的精神分析探索》（*Imaginary Existences: A Psychoanalytic Exploration of Phantasy, Fiction, Dreams and Daydreams*）。她还与 A. S. Byatt 合著了一本书《想象角色：关于女性作家的六次对话》（*Imagining Characters: Six Conversations about Women Writers*）。

❸ "Kafka: 'The Early Yeas'"，由 R. Stach 写于 2017 年。

❹ 关于 Kafka 和 Borges 之间"不可思议之意象"的出色分析，见 Kohon（2016）的文献。

界里，一切都很奇怪。"

Banville 的脚注帮助我去解释为什么另一种鸟（孔雀）能给我在本书中选择这个主题带来灵感，这与"一切都很奇怪"的世界有关；这与 Freud 在《不可思议之意象》中提出的建议相联系，"（作家）必须首先将自己转化至那种感觉状态，在自己身上唤醒体验它的可能性"。因此，这篇文章是关于帮助我"转换自己"进入不可思议感觉的"故事"的。我可以从这里开始：

当我们在家附近的树林里散步时，我们突然听到了一种非常奇怪的声音。它听起来就像从未听过的，可以唤起某种可怕、令人不安的气氛的声音——一些神秘的、不可思议的生物似乎在树林里出没。我们以为那是猴子，或者猫；又或者是一个既是童话又是恐怖故事中的被迷惑的孩子，也可能是小妖精。接下来的一个周末里，在这个我们熟悉的静谧之所，我们又听到了那种奇怪的、令人不安的声音，如此不协调。我们问了一个当地人，发现原来是山下的一个小农场里有人在饲养孔雀。于是，孔雀的叫声——美丽的鸟儿，却有着令人不安的可怕声音——使我们熟悉的森林刹那间变得很不可思议。几天后我们的一个孙子同时寄来了两样东西：A. S. Byatt 的新书《孔雀与藤蔓》（*Peacock and Vine*）和一只用纸折成的简易小鸟。

Byatt 的这本佳作赋予了我写这篇论文的灵感。

在 Freud 的《不可思议之意象》中，Hoffmann 在故事里把对 Nathaniel 的眼睛产生首要威胁的东西说成是"长有羽毛的东西"：

（沙人）是一个邪恶的人，当孩子们不愿意上床睡觉的时候，他就会来，往孩子们的眼睛里撒几把沙子，他们的眼睛就从脑袋上鲜血直流地迸溅出来。然后他把眼睛装在袋子里，带到月亮上喂给他的孩子们吃。他的孩子们端坐在自己的巢穴中，他们的嘴像猫头鹰的喙一样状如尖钩，专用来啄食顽皮少男少女们的眼睛。

"不可思议之意象"是一种长有羽毛的东西（关于原初场景、死亡场景和"命运之鸟"）

奇怪的是，沙人的孩子似乎是鸟……显然我并不是说每一个不可思议之意象都涉及羽毛！但我对这些鸟感兴趣。在《沙人》中，它们是对人眼睛的首要威胁，这与 Hoffmann 父亲的失踪有关，他在年幼时"逃离了巢穴"。经过对《不可思议之意象》的一些思考之后，我也将研究"命运"之鸟的问题：同时代表生命和死亡的鸟是不可思议之意象的具象形式。

不可思议的体验涉及精神分裂的现象，如去人格化和去现实化❶：这是对一个人身份感的干扰，如果允许其存在而不被立即分割，则可以丰富人格（Kohon，2016；Bronstein，2018）。在我们的临床工作中，不可思议之意象的产生是由出乎意料和异常强大的投射性认同所主导的。当它发生的那一刻，这种体验有可能淹没分析师，并让分析师深感困惑（Sodré，2015）。事实上，当我们发现自己陷入病态投射性认同的体验中时，还有什么比包含了病人内部世界精神病性元素的反移情更不可思议呢？当"不属于我的东西"被体验为"属于我的东西"的时候，通过分析师将自我的一部分与病人自我所投射出来的那部分进行短暂的认同（在某种程度上，这也必须是分析师的一种已知/未知的心理状态），分析师才能最终实现对病人的理解吗？我认为将"被压抑者的回归"与被描述为"分裂者的回归"的这些体验区分开来是有帮助的（Sodré，2015），当被体验为"非我"的东西粗暴地闯入时，似乎瞬间地——但令人不安地——占有了自我。在临床工作中，这些不可思议的体验，跨越了自我和非自我、我和非我、我的和非我的之间的界限。这些体验属于与被压抑者不同的世界。无论分析师多么不情愿，往往会把这些不可思议之意象体验为"我的"❷。

---

❶ 摘自 Isaiah Berlin 的《浪漫主义的根源》（*The Roots of Romanticism*）（2013）[134]。"当 Hoffmann 走过柏林的一座桥时，他常常觉得自己好像被困在一个玻璃瓶里。他不确定他看到的周围的人是人还是玩偶。我认为这是一种真正的心理错觉——他在某些方面的心理并不完全正常——但同时，他小说中的首要主题始终是一切事物都可以转化为其他的一切。"

❷ 我想知道这是否与 Strachey（1934）所描述的分析师对给予具有突变性的解释的恐惧有关（移情诠释是最具有改变效果的），好像他"这样做会使自己面临巨大的危险，因为我们可以称之为突变性洞察力的东西总是涉及被认为对心理平衡至关重要的分裂的突然弥合——"危险"大概是指必须突然纳入完全无法消化的东西。与之相对的是对自我中不太如意的部分，或令主体不太"舒服"（更好或更坏）的客体，逐步熟悉的过程。

1. 不可思议的刹那:"不要看那些眼睛!"

　　Freud 说:"我不建议任何精神分析观点的反对者选择'沙人'的故事作为其案例,即认为,关于眼睛的病态焦虑与阉割情结无关。"他表现得像一个说"不要看那些眼睛!"的父亲。Freud 相当矛盾地承认了他的(临时)对手 Jentsch(他在关于《不可思议之意象》的论文中提到了"沙人")的说法,即这种不可思议的感觉和机械人偶的想法之间有着联系,故事中的机械人偶造成了关于某物有无生命的不确定性(他在论文结尾更是完全接受了这一点)。我认为他需要淡化从男孩身上偷来的眼睛和女孩形象的无眼人偶之间的本质联系:如果给她一个男孩的眼睛,那么本无生命的人偶就会复活。

　　有两部主要的临床著作是在《不可思议之意象》的背景下完成的(出版时间相近,但《不可思议之意象》中未提及它们),一个是关于狼人的案例报告(1918),另一篇是这篇论文之前的最后一篇临床出版物《一个被打的小孩》(1919a),当时 Freud 决定"从抽屉里翻出一篇旧文并重写它"(Strachey, 1919b)。首先,我认为引人注目的是,Freud 并没有在《不可思议之意象》中提到原初场景,尽管"沙人"的故事里第一个场景是:在午夜时分,两个成年人(这里是指男性)之间发生了危险、神秘的事情。小孩子们被禁止看到这些过程,母亲也并没有参与两个父亲之间的炼金术活动,这最终导致"好的"父亲在化学爆炸中死亡。故事中的另一位"母亲",即保姆,则更多地是在提醒孩子们要闭上眼睛。保姆对危险的描述更加明确(我刚才已经在上面引用过了)——"(沙人的孩子们的)嘴像猫头鹰的喙一样状如尖钩"。Freud 认为沙人——Coppelius 医生——是"坏的"父亲。在这场较量中,(新)巢中的孩子们似乎就是意象"鸟"的指代。这个同性恋的原初场景(使我们想起了在狼人的故事中对父亲的同性恋依恋的重要性)涉及科学的危险性。Hoffmann 故事中原初场景的第二个版本是,当长大后的 Nathaniel 即将结婚时,也看到了一个类似同性恋的场景(而这个场景也涉及一次科学实验)。在这里,两位父亲共同孕育并生下了一个女婴——美丽的机械人偶 Olympia，为了使她活起来，需要从一个男孩身上偷来一对活人的眼睛。

在 Freud 的子女中，只有他的小女儿 Anna 继承了他的"眼睛"：她成为一名精神分析师，并将与他合作，为他的科学发现的发展做出贡献（最终以一种非常重要的方式）。我们知道，Freud 在《一个被打的小孩》中的一个病人原型就是 Anna；而现在，我们更知道在 1922 年（Blass, 1993），她以作为其父亲的一个患者的口吻向维也纳学会提交了一篇论文，从而，正式成为一名分析师。在她的论文中，病人的白日梦传达的不仅是希望成为父亲最爱的孩子，而且是希望成为一个男孩。这些令人不安的白日梦导致了强迫性自慰，并被转化为关于一个青年和一个骑士的"美好故事"。通过涉及宽恕和救赎的叙事，最后在性愿望升华的基础上达到高潮。事实上，Freud 在《一个被打的小孩》中总结说，尽管他为男孩和女孩刻画了不同的轨迹，但对两人来说，这些幻觉的中心依恋是对父亲的依恋（这个时候母亲在儿童发展中的重要性尚处于研究阶段）。

《一个被打的小孩》和《不可思议之意象》在时间上的接近是值得关注的：根据 Strachey（1919a）的说法，"在 1919 年 1 月 24 日给 Ferenczi 的信中，Freud 宣布他正在写一篇关于受虐狂的论文"。《一个被打的小孩》在 1919 年 3 月中旬完成，被冠以现在的标题，并在夏天出版。1919 年 5 月 12 日（即在完成《一个被打的小孩》两个月后，此时该书尚未出版），Freud 在写给 Ferenczi 的信中第一次提到《不可思议之意象》。Freud 在信中说，他从抽屉里翻出了一篇旧文，正在重写。《不可思议之意象》随后在当年（1919）秋天出版。因此，从字面上看，这种"在抽屉里"的"挖掘"和新论文的写作发生在完成《一个被打的小孩》和它的出版之间很短的时间内；那篇所谓的旧文，讲述了儿童和原初场景、童年的恐惧和一个孩子因看到被禁止的科学实验而被烧伤眼睛的故事。在讲述上述故事后，这篇文章紧接着提到了一个病人的性幻想（这个病人实际上是他的女儿）。禁止孩子"看到"原初场景（即父母的性交），这一禁令反过来岂不是对父母也发生着作用：禁止父母"看到"他自己（成年）孩子的性行为？当然，他已经讨论了与他的女儿情况差不多的病人（Dora）在移情和反移情上的复杂情况；

由此我们可以想象，他与他自己的亲生女儿之间存在着移情与反移情的困难。

Elizabeth Young-Bruehl（1998）在其关于 Anna Freud 的那本精彩的传记中写道，Freud 曾希望 Anna 与一位女性分析师保持密切关系，并为此邀请了 Lou Andreas Salome 与家人共度长假；这非常有效，Anna 和 Lou 变得非常亲密。在与父亲进行第二次分析时，Anna 写信给 Lou，与她讨论了自己对殴打的幻想和"美好故事"："继续（分析）的原因是我高尚的内心生活中存在不完全有序的行为：偶尔会受到不体面的白日梦的侵扰，加上对殴打幻想及其后果（即自慰）越来越不容忍（有时是身体上的，也包括心理上的），但这些是我离不开的。"❶ 不久后，她再次写信给 Lou，强调："……（在这段关系中）缺少第三个人，即能够承接移情的那个人，以及与我一起行动并结束冲突的那个人。"Young-Bruehl 继续说道："分析师本应该是中立的，是一个'空白屏幕'，但从案例的性质来看，他失踪了。"此外，她还清楚地明白，她所说的与父亲的"过分的分析性亲密"在分析中产生了"不真实的困难和诱惑"。

Olympia 的不可思议主题（生者/死者的奇异性、有生命/无生命的不确定性），涉及通过黑暗魔法创造一个孩子。Olympia 是通过两个邪恶的父亲——配镜师 Coppola 和 Spalanzani 教授——的"科学"交合而被孕育出来的；滥用创造生命的神力，使无生命的人变成有生命的人，是通过偷取男孩的眼睛并把它们赋予女孩而发生的。这两组"交合"的父亲都是"黑暗"的科学家/发明家。在这里我们可能会想起 Prometheus（普罗米修斯）的神话，那是关于一只鸟的故事：作为对从 Zeus 那里盗取如何创造火种的知识的惩罚，Prometheus 被锁在一块石头上，一只秃鹫飞到那里啄食他的肝脏；肝脏每天都会"再长出来"，这个过程长此以往。科学的发现导致了这种可怕的惩罚。火种的创造也是导致 Nathaniel 疯癫的核心要素。当他崩溃

---

❶ "在上个星期，我的'好故事'突然又浮出水面，横冲直撞了好几天（……）我对这种白日梦的不可改变性、力量和诱惑力印象深刻，即使它已经——就像我那个贫瘠的梦一样——被拆开、分析、出版并公之于众，并以各种方式被错误地处理和虐待。我知道，这真的很可耻。"（Young-Bruehl，1998）[121]

"不可思议之意象"是一种长有羽毛的东西（关于原初场景、死亡场景和"命运之鸟"） / 173

的时候,他会大叫:"火环,火环!" Coppelius 博士想用烧红的煤屑毁掉 Nathaniel 的眼睛;一场化学爆炸——一个生死攸关的原初场景——造成了好父亲的死亡,也使好奇的孩子发疯。

我在这里提出,这篇论文的写作时间非常特殊——写于《一个被打的小孩》的写作和出版之间的很短的间隔期,这表明了 Freud 希望将不可思议之体验中有生命和无生命的混淆的重要性降至最低,并指示"闭上眼睛!"——这说明,他关注亲眼看到本应被禁止看到的事物,还关注将眼睛作为性别的概念(女儿被赋予了男性的眼睛)。我认为,在将这篇关于性行为的开创性论文(有必要将 Anna 的分析作为"普通"科学数据来对待)公之于世之前,对"黑暗"科学的恐惧必须得到解决。

2. 原初场景、死亡场景和"命运之鸟"

当我开始动笔写作关于文学作品中原初场景和死亡场景并列的不可思议的体验时,我翻开了 Klein 的书,重新阅读她有关哀悼的论文。我对这篇论文非常熟悉,与此同时,我的脑海中立刻浮现出了一段梦境:她的病人在母亲去世当晚做的梦。

> 他梦见一头公牛躺在农田里。它奄奄一息,看起来不可思议又十分危险。当时,他站在公牛的一边,母亲站在另一边。于是,他逃到一所房子里,但又觉得自己把母亲留在了危险的境地,心想不应该这样做;他对母亲能够脱离危险心怀微弱的希望。
>
> 令我的病人吃惊的是,对这个梦,他首先联想到的是乌鸦,那天早上乌鸦的聒噪把他吵醒了,使他感到非常不安。
>
> (Klein,1940)[332]

我也感到很惊讶。我不记得以前有注意过"不可思议"这个词,而且,

显然不会想到它会出现在与鸟类如此接近的地方！在这一瞬间，我再次被"转换"到对不可思议体验的恐惧中。

但这种惊人的巧合只是最严肃的事情的戏剧化版本：孩子自己的恐惧和绝望突然遭遇了可怕的夜间幻觉/妄想，即睁大灼热的双眼，能够或被迫观看令人无法忍受的兴奋和可怕的性/死亡场景；在这个特定的梦中，还包括对弃母亲于同危险而可怕的父亲共处的境地而不顾的内疚。

Klein 用打动人心的语言，在其临床材料的导言中说：

现在我将结合哀悼来说明这些焦虑情况中的一种，我发现它在躁狂抑郁症状态下也是至关重要的。我所指的焦虑与破坏性的性交中的内化父母有关；他们和自我都被认为处于暴力破坏的持续危险之中。(……) 我在这里只想说明，这些特殊的恐惧和幻觉是如何在这个病人身上被他母亲的死亡所激起的。

在她描述的这一治疗片段中，这个梦和乌鸦的联想遵循了一种将病人对发疯的恐惧与在自己体内容纳疯子的幻觉联系起来的解释。她说病人喜欢乌鸦，并习惯于它们的聒噪；但在这里，她把这解释为代表其父母之间危险的性交，且由于他在今天早上无法忍受对母亲的严重焦虑，因此，她还把乌鸦解释为一种补偿性。只有在这些解释之后，病人才告诉她，他的母亲在前一天晚上去世了：在他的恐怖（和他的爱的感觉）被理解之后，母亲的死亡变成了一个"白天"的痛苦事实，可以被理解并付诸语言。令人感动的是，鲜活的母亲形象在移情过程中的早现使这成为可能。

在 Klein 病人的梦中，不可思议的情况似乎是原初场景与死亡场景融合在一起；不是对一般破坏性的恐惧，而是对死亡这件事的恐惧：尸体是具体存在的，它无法逆转、改造和修复。母亲的尸体也许是这一离奇事件最可怕的版本。生命的起源（父母性交时的身体）、生命的终结（他们的尸体），都是病人无法忍受的。

在进入本文的下一部分之前，我忍不住在这里列举了 Freud 的另一个例子，即分析师"将自己转入不可思议的经历"。在 Michel de M'Uzan （2010）[204]关于不可思议的精彩论文《我不是你想的那个人》（I am not who you think I am）❶ 中，他提到了一段个人经历，其中也涉及鸟类：

> 在我论述的这一点上，似乎应该把生活中或分析实践中遇到的某些情况联系起来，这些情况将对我刚才的论断给予支持。我们将看到感知在其中发挥的重要作用，Freud 有时想减少这种作用，但所体验到的东西在很大程度上是由感性秩序的现象引起的。我记得，有一天我在黄昏时分听到一只栖息在屋顶上的黑鸟的独特叫声，这触发了我的一种奇特情绪。在较早的一篇文章中（M'Uzan，1974，1977），我研究了这样一种情况，对和与我隔着一张小桌子的对话者的严格对称关系的观察表明，后者只是一个替身，因此，这意味着一个人可能在不知不觉中已经死亡。

（2018 年，Bronstein 令人信服地指出，Freud 对双重自我的思考"预示着投射性认同机制的出现"。）

3. 文学中的眼睛和命运之鸟

在我讨论文学中的例子时，我将从 Proust 的例子开始，然后简要地参考两本关于死亡的最近的精彩著作，这两本书讲述了死亡的不可思议之意象，以及通过对眼睛的特殊使用——通过阅读文学——在丧亲的创伤经历中获得帮助的可能性。它们是 Ali Smith 的《艺术》(*Artful*)（2013）和 Max Porter 的《悲伤是长着羽毛的生灵》（2015）。

---

❶ 本着 de M'Uzan 兼具俏皮和严肃的"'自我'在哪里，'本我'就在哪里"的精神，他的关于"不可思议之意象"论文的标题可以被认为是《我不是**我**想的那个人》，它不仅涉及压抑物的恢复，还为"令人不安的奇怪"的分裂体验，如去人格化——由对自己感到不熟悉的这种错位体验所带来的冲击，留出了空间（"*unheimlich*"在法语中被翻译为"*inquiante étrangeté*"）。

孔雀与凤凰被并称为"命运之鸟"（*les oiseaux fatidiques*），关于孔雀的主题在《女囚》（*La Prisonnière*）和《女逃亡者》（*Albertine Disparue*）中特别重要；它与叙述者在威尼斯的经历（包括想象的和真实的）有关。而且，像《追忆似水流年》（*À la Recherche du Temps Perdu*）中的许多主题一样，小说中很早就提到了孔雀的问题。

我将重点叙述讲述者与 Albertine 的关系，Albertine 是他的情人，正秘密地住在他的公寓里；《女囚》（1954）的一个中心主题是他对不确定性的痴迷和嫉羡妄想，他的头脑不断地被关于她秘密的同性恋遭遇、生动的原初场景幻想所折磨和刺激。他知道，他对 Albertine 的爱取决于这一点：如果他不感到极度嫉羡，他就不能爱。对客体思想和生活的侵入呈现出一种高度情欲化：他深陷一种"永久的狂欢"，在心理上，讲述者生活在原初场景中，处于偷窥者的位置，不断地窥探并专注于客体的谎言。

在一篇关于强迫性怀疑的论文中（Sodré, 2015），我讨论了 Proust 小说的这一方面，讲述者不仅需要调查 Albertine 的行为，还需要调查她的想法；他被锁在卧室里，为他想象中的她的神秘性活动所折磨和刺激，他和她一样都是一个因犯。我用了一些例子（有些是我在这里引用的），在他和 Albertine 单独相处的时候，他从她的眼睛里调查她心中原初场景的证据；原初场景和死亡场景竟不可思议地同时出现了，他还提到了各种鸟类。讲述者在寻找背叛的具体证据时，他无所不知的眼睛（妄想）是"科学的"。

长久以来，我怎么会没有注意到，Albertine 的这双眼睛（即使在一个极其普通的人身上也会出现这种情形）由许多片段组成呢？其片段视当天此人想去哪些地方——以及对其中哪些地方秘而不宣——而定。这双眼睛，平时由于说谎而一直呆滞、没有一点光彩，可当赶上要去赴约，且要去赴一个她决计要去的幽会时，这双眼睛又会顿时变得神采奕奕，从中可以测量得出路程的公里数，这双眼睛，固然会对着诱惑它们的快乐而漾起笑意，但也更会由于赴约可能受阻而布上忧伤、沮丧的黑圈。这种女人，即使你把她捏在手心里，她也会逃脱的。（……）唉，这双魂牵远方、忧郁难消的万花筒般千变万化的眼睛啊，它或许能帮我们测量距离，却没法为我们指示方向。

无边无垠的可能性的原野展现在我们面前，即便我们碰巧瞅见真实性就在眼前，也会以为它还远在可能性的旷野之外，结果反会一头撞在这堵突兀冒出的墙上，猛地一阵眩晕，仰面摔个大跟头。

(pp. 106-108)❶

分裂——从外部"观察"客体的眼睛——将讲述者抛入一个三角关系中，他是被（疯狂地）折磨的第三者。作为对这种折磨的防御措施，他把闭着眼睛的她想象成一个非人，这最终是一个死亡的愿望。

当 Albertine 合上眼睛，处于意识朦胧之际，她一层又一层地褪去了人类性格的外衣，这些性格，从我跟她认识之时起，便已使我感到失望。她身上只剩下了植物的、树木的无意识生命，这是一种跟我的生命大为不同的陌生的生命，但它却是更实在地属于我的，她的自我，不再像跟我聊天时那样，随时通过隐蔽的思想和眼神散逸出去。她把散逸出去的一切，都召回到了自身里面，她把自己隐藏、封闭、凝聚在肉体之中。当我端详、抚摸这肉体的时候，我觉得自己占有了在她醒着时我从没得到过的完整的她。她的生命已经交付给我，正在向我呼出轻盈的气息。

(pp. 80-81)

在这一篇章的结尾，故事不可避免地走向 Albertine 在他睡着的时候离开他的公寓的那一刻；下一篇，Albertine 的离开，以"Albertine 小姐的最爱！"开头——这本书中很早就宣告了她的死讯。在《女囚》中有关于这起致命失踪的暗示。在我的下一个例子中，在第一本书的结尾处，Albertine 穿着一件福图尼礼服，这是讲述人 Marcel 送给她的众多礼服之一。这些衣服在他的脑海中与他访问威尼斯的热情愿望联系在一起。（Albertine 死后，他才成功实现了这一愿望。）

---

❶ Proust 的所有译本（法译英）都出自 Daniel Hahn 之手；页码指法语文本。

我又吻了她一次，把那大运河熠熠如镜的金蓝和成双成对的象征生死的交配中的鸟紧紧抱在心怀里。然而再一次地，她没有还吻我，而本能地带着预示死亡的凶兽的那种不祥的顽固劲，抽开了身子。她身上反映出来的这死亡的预感似乎也侵袭了我，使我充满恐惧和焦虑，以至于当Albertine走到门口的时候，我已没有勇气让她离开，又叫住了她。

(p. 456，斜体由Sodré标注)

"交配中的鸟"在下一页被称为"命运鸟"。〔在威尼斯，随处可见的是孔雀，而不是凤凰（Collier, 1989）〕。

既然你留下来安慰我，你应该把长裙脱了才是，穿着多热，又不随便，我都不敢碰你，你怕我们之间的那一群命运鸟把裙子碰皱了。把裙子脱了吧，亲爱的。（……）突然，我们听见一声呻吟，节奏均匀，原来是鸽子在咕咕叫。（……）我知道我说出了"死亡"这个词，就好像Albertine快要死了。

(p. 456，斜体由Sodré标注)

Albertine现在离开了房间：

这一次我没敢再叫住她，可是我的心跳得非常厉害，没办法再躺下。我如同笼中小鸟，来回跳动，一会儿担心Albertine会走，一会儿又相对平静了一些，左思右想，心绪不宁。（……）她不可能不告而别。（……）万籁俱寂之中突然传来一阵声音，听起来没有什么特殊，但让我充满了惊恐。是Albertine的窗户被猛烈地打开了。（……）（这声音）似乎比猫头鹰的叫声还要神秘，还要令人毛骨悚然。

(p. 458，斜体由Sodré标注)

"突然"这个词预示了不可思议的、可怕的体验〔就像暴露在原初场景中时经常发生的那样（Sodré，2018）]。与所爱之物的分离和隔阂映射到她真正死亡的（即将宣布的）体验上。在这些段落中有许多不同的鸟类，它们将原初场景和死亡场景融合在一起。

在 Collier 的精彩著作中（Byatt，2016）[147]，他认为：

根据 Proust 的创造力，假设凤凰/孔雀图案在布料上是分开的，我们可以想象，拥抱使在布料上分开绘制的鸟挤压在一起，形成褶皱。

Collier（1989）[6] 继续说道：

Proust 似乎发明了他自己的带有凤凰或孔雀图案的福图尼礼服，并唤起了礼服褶皱上的鸟的令人不安的动作，以暗示性和死亡之间的联系。

另一段话说明了我的主题，"衣服的僵硬（是）勃起和尸僵的完美结合，在这个角度，赤裸的、匍匐的身体会显示出这种僵硬"。

在 Klein 的临床材料中，这种特殊的不可思议的体验同时包含了原初场景和死亡场景：图像的特殊性将尸体的具体性映射到性交中。命运之鸟，孔雀，以其绚丽的色彩和死亡暗示交织在一起——我想补充的是，与另一个世界的美丽和恐怖的、不可思议的声音之间的对比——在这两本书的创作中显得特别有意义，而在 Albertine 身上，这一内容的体现，在叙述者的头脑中，是从持续的性爱到死亡的预感（《女囚》）到死亡本身，以及悲痛和哀悼（Albertine 的离开）。

两个当代的例子

Ali Smith 和 Max Porter 在他们关于心爱伴侣突然意外死亡的小说中，都写到了死亡、腐烂、恐怖、恶心、发臭、分解的尸体的具体内容。他们的主人公都被文学所拯救。"阅读"的眼睛，注视着一个鲜活客体（作家）的眼睛，他能够以一种独特的方式涵容这种不可思议的恐怖，它代表着能与一个易于理解的、有思想的、活生生的父母的深邃目光接触（就像 Klein 在她的临床例子中所做的那样）。精神分析通过一种非常特殊的知识、理解来拯救我们的生命。这两本打破流派的书可以说是在论证，阅读伟大的文学作品，通过带给我们更多心理理解方面的经验，让我们以从前可能没有过的方式被人理解，这可能有助于提升一个人的认同感——通过与作家的"眼睛"接触，"拥有"更多的自我。

Max Porter 的《悲伤是长着羽毛的生灵》

在这本非同寻常的书（Porter，2015）中，一面是诗歌，一面是虚构的散文，一面是对悲伤的沉思。一位年轻的母亲死于一场突发的悲惨事故，留下她的丈夫和两个年幼的儿子。这本书几乎是以三种声音构建的一出戏剧。爸爸、男孩子们（在一起）和乌鸦。爸爸是一位学者，正在写《泰德·休斯在沙发上的乌鸦：荒诞的分析》（*Ted Hughes' Crow on the Couch：A Wild Analysis*）（这本凄美的书也非常有趣）。

在书的开头，爸爸和男孩们都在枕头上发现了一根黑色的羽毛。半夜，当男孩们睡着的时候，门铃响了，爸爸打开门，却遭到了乌鸦的袭击，他首先嗅到一股臭味；接着，"嗖的一声，我受到攻击被迫返回，气喘吁吁地摔倒在了台阶上"。当爸爸睁开眼睛，只能看到"（……）天还很黑，周围一切正发出噼里啪啦的声音，还有什么在沙沙作响"——此时此刻，"一切"都与巨大的羽毛混合在一起了。

有一股浓郁的腐烂气味，一股只有从过期食品、苔藓、皮革和酵母上才能闻到的皮毛的臭味。（……）一只和我的脸一样大的乌黑发亮的眼睛出现了，在那皮革般皱巴巴的眼窝里慢慢眨动着，从足球大小的睾丸里鼓出来。

(p.6，7)

（在这里，性以其具体的形象闯入了死亡现场；我们想起 Freud 将失去眼睛和阉割等同起来。）

这是乌鸦对自己的描述：

乌鸦：在中间才是真正的你。一片黑色的羽毛和一股死亡的臭味。哒哒哒！这就是腐烂的源头，Grunewald，手上的钉子，臂上的针，创伤，炸弹，我们永远不能赋诗的事物，被关上的门，太初有道。真该死。真是血腥的运动。非常像大学历史书上各种思想的碰撞。

(p. 47)

以及：

乌鸦：将那喙用锤子使劲敲进魔鬼的头骨后，发出一声爆裂声，继续砸进骨头、大脑、组织液和薄膜，刺入突出的脊椎，脊椎应声折断，嘎吱作响，滋滋冒油，一二三四五，就像食人鱼，快速倒塌，（……）溅起鲜血、脊椎黏液和屎尿，噼啪、噼啪、打嗝。

(p. 57)

乌鸦的残暴行为（带有 Hughes 这个角色的狡诈），尽管令人不情愿，但它是悲伤过程中的一部分❶。

乌鸦带来了他自己的版本——用第三人称讲述——关于俄狄浦斯神话和面对令人震惊的原初场景。这个角色"乌鸦"被告知其父亲已经死了。

---

❶ 当朋友问他是否得到帮助时，父亲说是的，并认为乌鸦将自己描述为保姆和分析师：我几乎笑了，一想到在研究中，乌鸦啄出了一张发票；乌鸦被推荐给一位全科医生，或者可以得到 NHS 的服务；乌鸦摇了摇头，它在考虑 Winnicott，但不太喜欢 Klein。

婚礼仍在如火如荼地进行着，楼梯下的垃圾堆里，那只发情的古老的灰乌鸦正和他的母亲在一起。乌鸦儿子对着痛苦的父母尖叫地说着他的伤害和困惑。他的父亲笑了。孔克（Konk）。孔克。孔克。你活了很长一段时间，一直都是乌鸦，但你还是不能开玩笑。

(p. 17)

小 Oedipus——乌鸦被残忍的父母欺骗了。乌鸦是一个骗子，可能非常残忍；但他*最终说服了痛苦的父亲，他是"深思熟虑的护理计划"的一部分。为了恢复生命，必须停止残酷的哀悼。而且，正如 Klein 在她关于哀悼的论文中所观察到的那样，失去亲人的自我会感觉被内心的父母抛弃了，内心的父母可以被体验为彼此激动地卷入其中，对他们受苦受难的孩子施虐般地忽视。

Ali Smith 的《艺术》

Ali Smith 在另一个打破体裁的小说兼文学讲座中，设置了一位叙述者，其悲伤时间远远超过了她规定的"十二个月零一天"❶。她开始重读《雾都孤儿》（*Oliver Twist*）（Smith 的书名指的是狡猾的 Artful Dodger，一个骗子；"Twist"很重要——一个以完全丧亲开始的人生）。死去的伙伴回来了，身上布满灰尘和瓦砾，但除了她的眼睛之外，其他方面都没有改变，那双曾经"蓝得不像人类的眼睛"现在却是两个黑窟窿：仿佛只有瞳孔，抑或是 个盲人。死神偷走了她的眼睛——眼神交流作为埋解和爱的源泉已经变得不可能了［这位复仇者滑稽地（令人痛心地）变成了一个强盗：她像喜鹊一样，从公寓里偷小东西，从书店里偷盗］。她定期去看医生，而身体越来越虚弱：她逐渐失去了嗅觉，于是，她身上散发出了越来越重的臭

---

* 原著用"he"，文中据此直译。——译者注。
❶ 摘自《不安静的坟墓》（*The Unquiet Grave*）的第一句话"今天的风在吹，我的爱人，还有几滴小雨；我只有一个真爱，她躺在冰冷的坟墓里。我将为我的真爱做任何事情，像任何年轻人一样；我将坐在她的坟墓前哀悼十二个月零一天。"

味。但与此同时，她开始长出了心上人生前的眼睛：讲述人找到并开始阅读她的伴侣在她去世时即将发表的四场文学讲座的笔记❶。因此，随着故事的展开，读者也"看到"了 Smith 在文学中对丧失和哀悼（以及其他许多事情）的精彩思考❷。

关于鸟类和悲伤（以及睁开眼睛！）的一个例子是 Smith 提到的 Sylvia Plath 的《洛克》(*The Rook*)，Plath 害怕完全中立：像《悲伤是长着羽毛的生灵》中的乌鸦那样。天使来治疗抑郁症，睁开生命的眼睛，一只乌鸦突然出现在眼前，于是天使命令它长出黑色的羽毛，让它们闪闪发光，使其找到了意义［让我想起 de M'Uzan（1977）的艺术创作中的"震惊"］❸。（对"完全中立"的恐惧出现在《女囚》中，如讲述者所知的，当他停止嫉羡——不再顽固地滥用其眼中那泛着迷人的情欲——他就没有了爱：没有爱的空虚就是慢性抑郁症的空虚。）在《悲伤是长着羽毛的生灵》和《艺术》中，视觉、嗅觉和听觉的感官冲击传达了这样一种感受：死去的被爱客体的绝对缺位和迫害性存在（同时）对心灵的可怕入侵。在这里，突如其来的不可思议之体验使生命/艺术成为可能。

随着哀悼工作的进行，一种生动的、创造性的交流开始成为可能：叙述者象征性地与情人结合，就像两双生动的眼睛相遇，这是真正的心灵的结合（Smith 引用"爱不是时间的傻瓜，即便有着玫红色的嘴唇和脸颊，只能在他弯曲的镰刀范围里出现"）。

而且，当我们继续阅读时，一件艺术作品也正在被创造出来，牵引着我们自己的眼皮。

发明精神分析是一种非常大胆的行为；Freud 的每一项新发现都涉及巨大的风险。随着《梦的解析》(*The Interpretation of Dreams*) 出版时间的临近，Freud 梦见了"解剖我自己的骨盆"，Anzieu（1986）认为这可能是

---

❶ 事实上，这些都是 Smith 在 2012 年在牛津圣安妮学院（St Anne's College，Oxford）做的演讲笔记。

❷ 参见 Kohon（2016）有关艺术和文学作品创作和体验中不可思议感重要性的开创性研究。

❸ 摘自 de M'Uzan 为《艺术与死亡》所写的序言第 9 页：我在这里理解的非个人化包括非常多样的表现，虽然它们的共同点是使自我的界限变得模糊，但不一定伴随着痛苦和毁灭。我曾将"震惊"描述为文学创作的时刻……

在1899年5月。这个不可思议之梦以"老Brücke一定给我布置了一些任务，奇怪的是，这些任务与解剖（……）我的骨盆和腿有关"开始。Freud注意到了对恐怖情绪的压制。"没有任何可怕（*grauen*）感觉的痕迹。"这个复杂的梦在一次危险的穿越中结束，它从一座桥（指Brücke）开始，"仿佛使穿越成为可能的不是木板，而是（睡在旁边的）孩子。我被吓醒了，心中充满恐惧"。他评论说，他将不得不"把我艰难旅程的目标留给他的孩子"。*grauen*既意味着"恐怖地颤抖"，也意味着"变得灰暗"。

有趣的是，Freud解释的最后一个梦是"我的母亲和长着鸟喙的人"，这是他童年时期的一个焦虑的梦，这个梦也证明了我的主题；它涉及对母亲死亡的联想——这些鸟与埃及的一个长着猎鹰头的神的葬礼浮雕有关，也与原初场景有关。Freud联想到一个男孩在提到性交时使用了一个粗俗的术语（*völgen*，这既是鸟的复数，也是性交的术语）❶。

1914年撰写《狼人》（1918年出版），对Freud来说是一个巨大的进步，是一个创造性的突破。他对原初场景的发现明显没有出现在《不可思议之意象》中，也没有出现在《一个被打的小孩》中。这些著作的出版导致Freud迫切需要处理这一创造物的危险、黑暗的底层：穿越到"不熟悉"（*Unheimlich*）的领域，即"内心的恐惧"。出版《一个被打的小孩》，不仅意味着Freud将一个大胆的新东西，以侵入性的方式带到了世人眼前，还意味着他"出版"了一些本应隐藏在自己眼前的东西：解剖他女儿Anna的"骨盆"。此处，我认为，在《一个被打的小孩》的写作和出版之间的短暂时间里，他需要通过《不可思议之意象》的写作来探索这种经历特殊的不可思议之处。

参考文献

Anzieu, D. (1986). *Freud's Self-Analysis*. London: The Hogarth Press.
Banville, J. (2017). Review of a Biography of Kafka (Kafka: The Early Years, by R. Stach) for the *New York Review of Books* (August 17 to September 27, 2017 – Volume LXIW, n.13). New York
Berlin, I. (2013). *The Roots of Romanticism* (The A. W. Mellon Lectures in the Fine Arts), ed. Henry Hardy. Princeton: Princeton University Press.

---

❶ 见Anzieu对Freud梦中的原初场景的精彩分析。

Blass, R. (1993). Insights Into the Struggle of Creativity – A Re-reading of Anna Freud's Beating Fantasies and Daydreams. *Psychoanalytic Study of the Child*, 48.

Bronstein C. (2018) Is this my body? Am I alive? The uncanny effects of dissociation. *The Bulletin of the British Psychoanalytical Society, Vol 54*, 17–21.

Byatt, A. S. (2016). *Peacock and Vine: Fortuny and Morris in Life and Work*. London: Chatto & Windus.

Collier, P. (1989). *Proust and Venice*. Cambridge: Cambridge University Press.

de M'Uzan, M. (1964 [1977]). Aperçus sur le processus de la creation littéraire. In *De l'Art à la Mort*. Paris: Gallimard, p. 6.

Freud, S. (1918 [1914]). From the History of an Infantile Neurosis. In *S.E., XVII*, p. 7.

Freud, S. (1919a). A Child Is Being Beaten. In *S.E., XVII*, p. 179.

Freud, S. (1919b). The Uncanny. In *S.E., XVII*, p. 219.

Freud, A. (1922). Beating Fantasies and Daydreams. In *The Writings of Anna Freud, Volume 1 (1974)*. London: International Universities Press.

Klein, M. (1940 [1965]). Mourning and Its Relation to Manic-Depressive States. In *Contributions to Psycho-Analysis, 1921–1945*. The Hogarth Press (also in *The Writings of Melanie Klein, Volume 2* (1975). London: The Hogarth Press.

Kohon, G. (2016). *Reflections on the Aesthetic Experience – The Uncanny*. London: Routledge and The Institute of Psychoanalysis.

M'Uzan, M. de (1974 [1977]). S.j.e.m. In *De l'Art à la Mort*. Paris: Gallimard, p. 151.

M'Uzan, M. de (2010). The Uncanny, or "I Am Not Who You Think I Am" (2009). In *Reading French Psychoanalysis*, eds. D. Birkstead-Breen, S. Flanders, and A. Gibeault. The new Library of Psychoanalysis Teaching Series. London and New York: Routledge.

Porter, M. (2015). *Grief Is the Thing With Feathers*. London: Faber & Faber Ltd.

Proust, M. (1954). La Prisonnière. In *À la Recherche du Temps Perdu*. Paris: Gallimard, Folio.

Smith, A. (2013). *Artful*. London: Penguin.

Sodré, I. (1995 [2015]). Who's Who? Notes on Pathological Identifications. In *Imaginary Existences*. London: Routledge and The Institute of Psychoanalysis.

Sodré, I. (2002 [2015]). Certainty and Doubt: Transparency and Opacity of the Object. In *Imaginary Existences: A Psychoanalytic Exploration of Phantasy, Fiction, Dreams and Daydreams*, ed. P. Roth. London: Routledge and The Institute of Psychoanalysis.

Sodré, I. (2010 [2015]). Imparadised in Hell: Idealisation, Erotisation and the Return of the Split-Off. In *Imaginary Existences*. London: Routledge and The Institute of Psychoanalysis.

Sodré, I. (2018). Suddenly the Window Opened and I Saw . . . *Couple and Family Psychoanalysis*, 8 (1).

Strachey, J. (1919a). Introduction to Freud's "A Child is Being Beaten". In *S.E., XVII*, p. 177.

Strachey, J. (1919b). Introduction to Freud's "The Uncanny". In *S.E., XVII*, p. 218.

Strachey, J. (1934). The Nature of the Therapeutic Action of Psychoanalysis. *International Journal of Psychoanalysis*, 15.

Young-Bruehl, E. (1998). *Anna Freud: A Biography*. New York: Summit Books.

专业名词英中文对照表

abduction	溯因
active therapy	积极疗法
ambivalence	矛盾心理
animist beliefs	泛灵论
après-coup	滞后反应
cathexes	固着
crisis-of twoness	二人危机
destruction of the object	客体的毁灭
disorientation	迷失
double	双重自我
dreams-for-two	二人之梦
drive	内驱力
envy	嫉妒
externalized ego	外化自我
father-imago	父亲的意象
feel with	共感
feelings without words	无法言说的情感
flexible elasticity	灵活弹性
frame	框架
heimliche	熟悉的，令人熟悉的
inaccessible core of self	无法接近的自我核心
infantile trauma	婴儿创伤
kissing technique	亲吻技术
know/do not know	了解和不了解之间
memories in feelings	情感中的记忆
metapsychological	元心理学
mimetic identification	模仿性认同
moral conscience	道德良心
negative form of forgetting	消极的遗忘形式
neurosis	神经官能症

non-dreams	非梦
no-thing	非物
oedipal perspective	俄狄浦斯情结视角
oedipal triangulation	俄狄浦斯三角
omnipotence of thoughts	全能妄想
organ language	器官语言
pentimenti	再现
primitive convictions	原始信念
principle of permissiveness	允许原则
psychological atmosphere	心理氛围
symbolized	（被）象征化
tact	机敏
telepathy	心灵感应
the active technique	主动技术
the acute enactment	即时活现
the analytic dyad	分析性二元体
the castration anxiety	阉割焦虑
the castration complex	阉割情结
the chronic enactment	持续性活现
the compulsion to repeat	强迫性重复
the double	双重自我
the familiar	熟悉的
the mirror stage	镜子阶段
the negative	虚无
the paternal complex	父亲情结
the PC-Cs system	知觉意识系统
the permutation of the egos	自我的置换
the primal scene	原初场景
the primary narcissistic organization	原始自恋组织
the projective identification	投射性认同

the Second Topography	第二地形学
the unfamiliar	不熟悉的
the unstructured unconscious	非结构性潜意识
topographical model	地形学模型
uncertainty	不确定性
unconscious	潜意识